4차 산업혁명 시대 IT 영재를 위한 필독서

it Leader & Genius

Computational Thinking

IT영재를 위한 이산수학

정보올림피아드

정보(SW,로봇)영재원

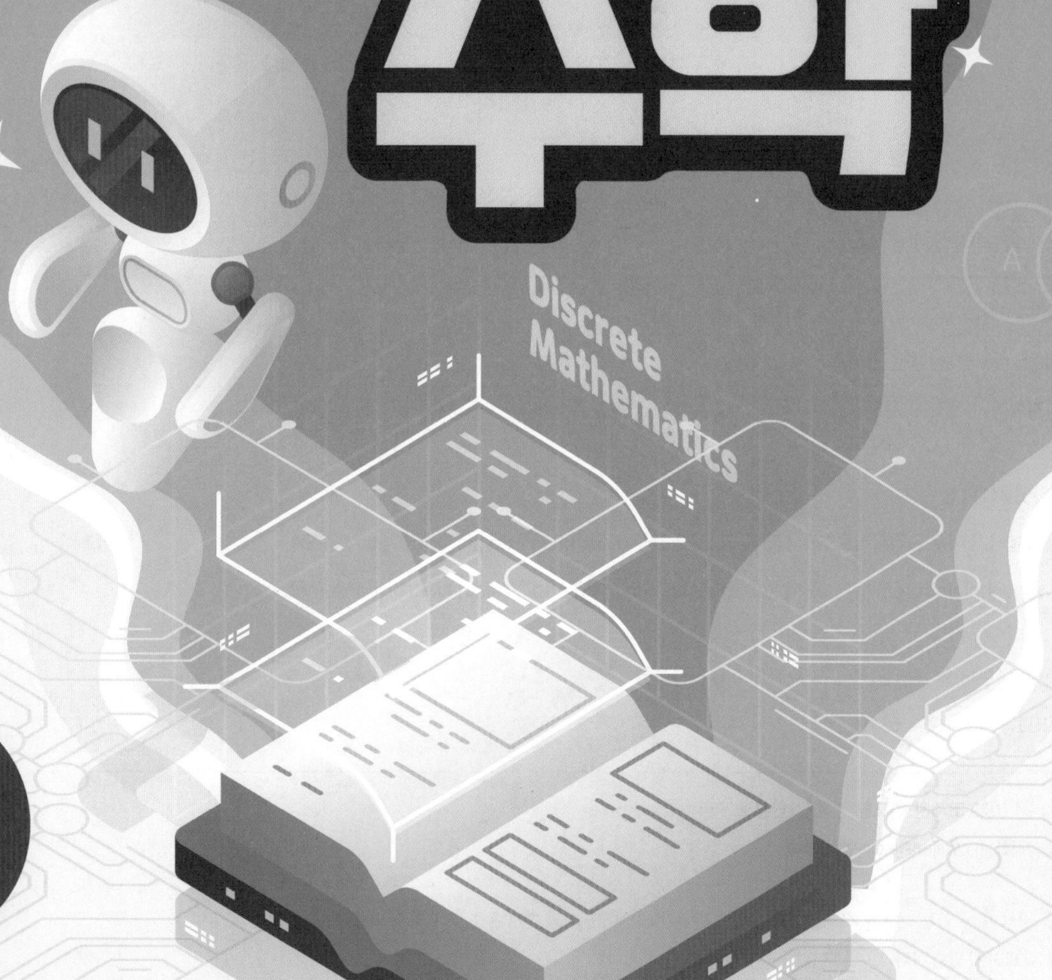

초등

보 올림피아드 이산수학 기출문제 풀이

보영재원 영재성 검사 대비

보영재원 창의적 문제해결검사 대비

보 올림피아드 1차대회 이산수학을 대비하기 위한 표준서

EDUCATION GROUP ITPLE 잇플

IT 영재를 위한 **이산수학_초등**

발행 2023년 6월 30일
저자 조재완·김도형·김형진·안성호
발행인 정지숙

발행처 (주)잇플ITPLE
주소 서울특별시 동대문구 답십리로 264 성신빌딩 2층 | 전화 0502_600_4925 | 팩스 0502_600_4924
홈페이지 www.itpleinfo.com | e-mail itple@itpleinfo.com | 카페 http://cafe.naver.com/arduinofun

제작 도서출판 (주)잇플 ITPLE | 편집 잇플 ITPLE 출판편집팀
ISBN 979-11-91198-32-4 63410

• 교재 학습 자료: http://cafe.naver.com/arduinofun

머리말

소프트웨어 교육 및 인공지능 교육이 활성화됨에 따라 이를 이론적으로 뒷받침해주는 이산수학 분야의 교재가 필요한 실정입니다. 그런데 시중에 나와 있는 교재들은 대학교재여서 중학생이 이해하기 어렵습니다.

현재 정규 수학 과정에 포함된 내용 중에 이산수학 부분이 있고 사고력 수학 교재 중에도 이산수학 내용이 포함되어 있습니다. 그러나 정보올림피아드나 정보(SW)영재원을 대비하는 수험생들은 모든 내용을 다 공부할 필요는 없고, 시험에 나오는 이산수학 내용을 집중적으로 학습하면 됩니다. 따라서 이 책은 정보올림피아드 기출문제 중심으로 수험생들의 공부에 최적화된 내용으로 구성했습니다.

매년 정보(SW)영재원 선발인원은 1만여 명, 정보올림피아드 응시인원은 5천여 명에 달하고 있습니다. 그래서 이를 대비하는 인원을 4배수로 계산하면 매년 5만 명 이상이 정보영재원과 정보올림피아드를 대비하고 있다고 할 수 있습니다.

이 시험의 핵심은 이산수학입니다. 그러나 시험 대비 교재로 사용할 수 있는 초·중등 이산수학 교재는 전혀 없어서 학생들은 사고력 수학 교재로 시험을 대비하는 실정입니다.

수험생에게 필요한 것은 이산수학의 내용을 이론적으로 빠르게 정리하고, 기출문제 유형을 익혀서 이에 맞는 수험대비 전략을 세우고 학습하는 것이 필요합니다. 이 책은 이런 수험생의 필요에 맞춰 정보올림피아드 시험에 완벽히 대비할 수 있게 만들었습니다.

책소개

PART I 이산수학 시험 대비 전략

정보올림피아드 시험의 이산수학을 대비하는 방법에 관해 소개합니다.

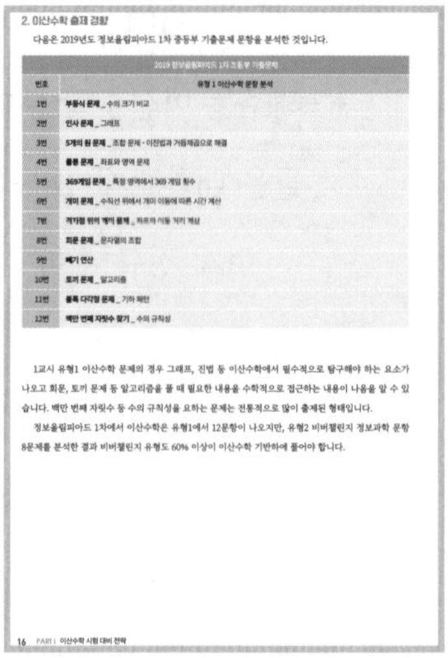

PART II 이산수학 이론 요점 정리

정보올림피아드에 출제되는 이산수학 문제 및 알고리즘 문제를 풀기 위한 이산수학적인 내용에 대해 요점 정리식으로 탐구합니다.
이론을 학습한 후 간단히 기초 문제를 풀어 볼 수 있게 했습니다.

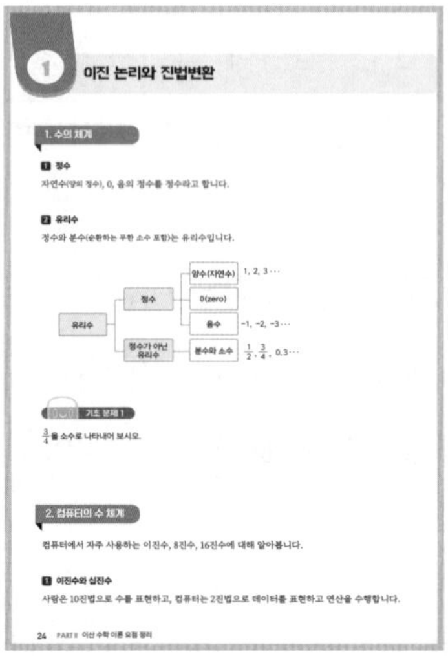

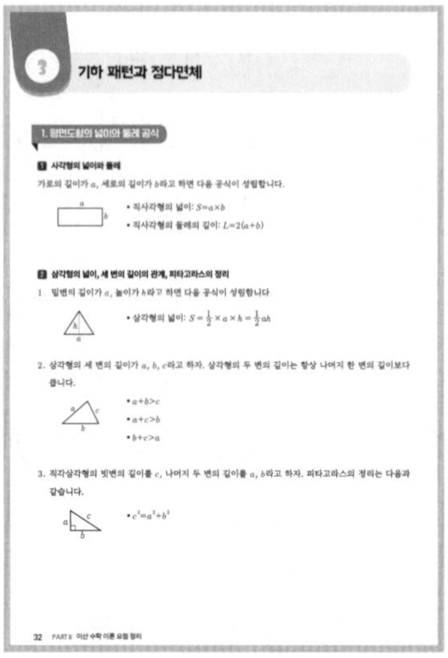

PART III 이산수학 문제해결 전략

최근 3개년 정보올림피아드 1차 시험, 1교시 유형 1에 대한 기출문제를 풀면서 문제해결 전략을 익힙니다.

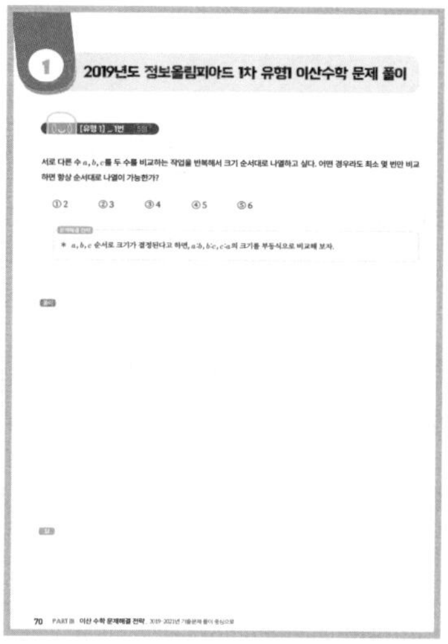
2019년도 정보올림피아드 1차 유형1 이산수학 문제 풀이

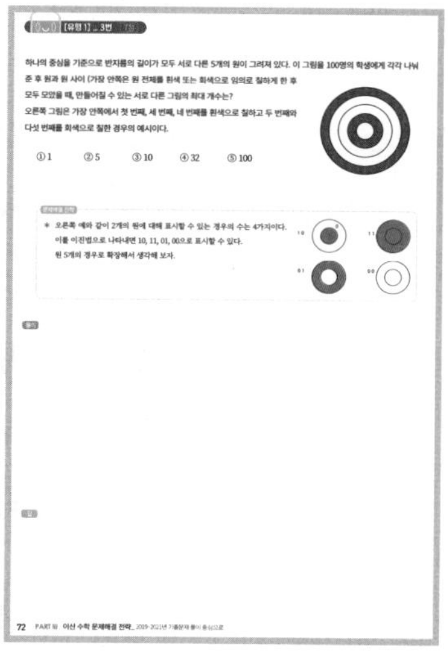

PART IV 이산수학 4개년 기출문제

이산수학 4개년 기출 문제 풀이를 통해 실전 문제 풀이 능력을 키웁니다.

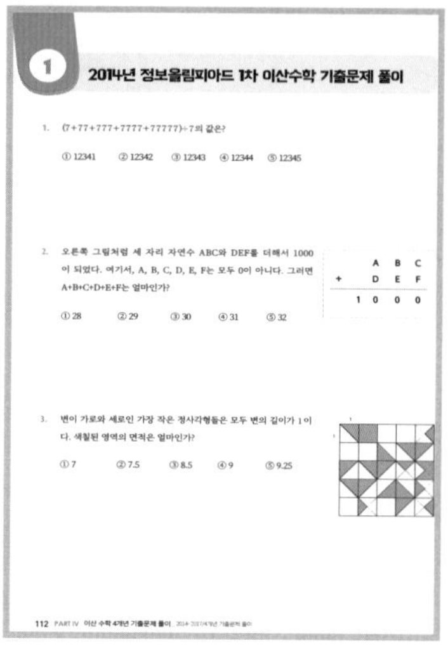
2014년 정보올림피아드 1차 이산수학 기출문제 풀이

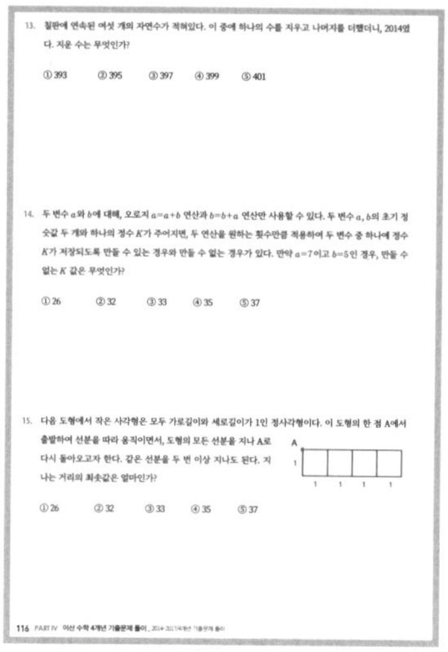

PART V 이산수학 모의고사

2022년 정보올림피아드 1차 대회 기출문제를 모의고사 식으로 풀어보고 실력을 확인합니다.

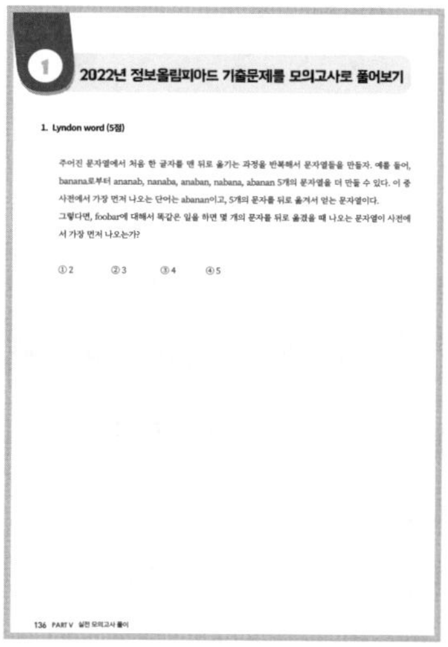
2022년 정보올림피아드 기출문제를 모의고사로 풀어보기

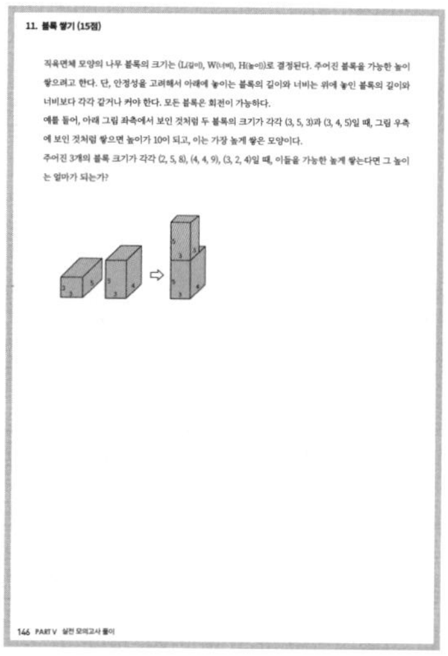

목차

PART I 이산수학 시험 대비 전략

PART II 이산수학 이론 요점 정리

PART III 이산수학 문제해결 전략

PART IV

이산수학 4개년 기출문제

PART V

이산수학 모의고사

부록

PART I

이산수학 시험 대비 전략

1. 정보 올림피아드 시험 개요

1. 정보 올림피아드 시험 개요

대회 개요	정보올림피아드는 알고리즘을 중심으로 정보 분야 문제해결을 겨루는 국내 최고의 수재들이 응시하는 대회입니다.
주관기관	한국정보화진흥원
대회 사이트	https://koi.or.kr
대회 일정	1차 대회: 매년 5월경 실시 2차 대회: 매년 7월경 실시
대회 참여	초등부, 중등부, 고등부 학년별로 지원
시험 과목	1차 대회: 이산수학, 비버챌린지 유형 정보과학문제, 알고리즘 문제해결 2차 대회: 알고리즘 문제해결

2. 정보올림피아드 시험 출제 유형

	1차 대회			2차 대회
	유형 1	유형 2	유형 3	유형
출제 영역	이산수학	정보과학	프로그래밍	프로그래밍
문항 수	12문항	8문항	2~3문항	4문항
문제 스타일	기존 정보올림피아드 컴퓨팅과 문제해결과 동일한 형태	비버챌린지 형태	기존 정보올림피아드 지역대회 또는 전국대회 1, 2번 수준의 알고리즘 문제	기존 정보올림피아드 전국대회 1, 2, 3, 4번 수준의 알고리즘 문제
배점	100점	100점	200점	400점

3. 정보올림피아드 수상권 점수

정보올림피아드 1차 대회에서 동상 이상을 받으면 2차 대회에 출전할 수 있습니다. 매년 점수 편차는 있으나 평균적으로 정보올림피아드 1차 대회 동상 정도를 받을 수 있는 점수는 이산수학 70점 이상, 비버챌린지 70점 이상, 알고리즘 100점 이상으로 240점 이상이면 2차 대회에 나갈 수 있습니다.

정보올림피아드 2차 대회 수상 점수도 매년 편차는 있지만, 평균적으로 4문제를 모두 맞을 경우 금상, 3문제를 맞으면 은상, 2문제를 맞으면 동상, 1문제를 맞으면 장려상 수준입니다.

4. 정보올림피아드 시험이 중요한 이유

정보올림피아드 시험은 초중고 학생들이 치를 수 있는 IT분야 최고 권위의 시험입니다. 교육청 및 대학 부설 정보영재원 시험의 경우 상위 3~5% 수준의 능력을 요구하지만, 정보올림피아드 시험은 상위 1% 이내의 능력을 요구합니다.

정보영재원 시험에는 주로 이산수학적 내용이 나오며, 매년 열리는 비버챌린지 시험은 정보과학 시험 중에서도 아주 유명합니다. 또한 코드페어나 각종 프로그래밍 대회에서 알고리즘 실력을 겨루는 대회는 많습니다.

정보올림피아드는 이산수학, 비버챌린지, 알고리즘 이 세 가지를 종합적으로 평가해 최고 수준의 IT 영재들을 발굴합니다. 따라서, 정보올림피아드 시험에 수상할 경우 중등 정보영재원에 진학하는 것이 유리하며, 디지털미디어고 등 IT 관련 고등학교 특별전형 대상자가 될 수 있습니다. 더 나아가 고교생은 각종 SW 특성화 대학에 특례입학 전형 시 가산점 혜택 등으로 입학할 때 유리합니다.

2. 정보올림피아드 1차 대회, 이산수학 출제 경향

1. 이산수학이란?

정보 영재란 이산수학적 사고가 뛰어난 학생입니다. 이산(discrete)이란 서로 다르던가 또는 연결되지 않은 원소들로 구성된 것을 말하며 이산적인 내용을 다루는 것을 이산수학 또는 전산수학이라고 합니다.

현재 우리가 다루는 프로그래밍 언어, 소프트웨어 공학, 자료구조 및 데이터베이스, 알고리즘, 컴퓨터 통신, 암호이론 등의 컴퓨터 응용 분야에서 이산수학적 내용이 적용되고 있습니다. 즉, 정보과학을 심도 있게 공부하려면 이산수학을 잘할 수 있어야 합니다. 이런 까닭으로 정보영재교육원에서는 이산수학과 관련된 내용으로 정보 영재를 판별하고 있으므로 이산수학에 대한 학습을 해야 합니다.

이산수학 분야의 출제 영역을 정리하면 다음과 같습니다.

이산 수학 내용 체계

이산 수학 영역	이산수학 세분화	이산수학적 사고 능력
• 선택과 배열 • 그래프 • 알고리즘 • 의사결정과 최적화	**선택과 배열** • 순열과 조합 • 포함과 배제(집합) **그래프** • 수형도 • 그래프, 트리 • 여러 가지 회로 **알고리즘** • 그래프 활용 • 수와 알고리즘 • 순서도 • 점화 관계 **의사결정과 최적화** • 의사결정 과정 • 최적화 알고리즘	• 직관적 통찰 능력 • 수학적 추론 능력 • 정보의 조직화 능력 • 정보의 일반화 및 적용 능력 • 논리적인 문제 해결 능력 • 해결방법의 다양성 추구 능력

이산수학 내용을 바탕으로 이산수학 관련 문항을 세부적으로 나타내면 다음과 같습니다.

영역	내용		이산수학 관련 문항
선택과 배열	순열과 조합	순열	• 대표 선출하기
		조합	• n개 중 두 개의 점을 지나는 직선의 수 • n개 중 세 개의 점으로 만들 수 있는 각의 수
	세기의 방법	배열의 존재성	
		포함배제의 원리	• 합집합의 원소의 개수(합의 법칙)
		집합의 분할	• 부분집합의 개수
		수의 분할	• 자연수를 몇 개의 자연수의 합으로 나타내는 방법의 수
		여러 가지 분배의 수	• 이진수로 나타낼 수 있는 n자리 수의 개수
그래프	그래프	그래프의 뜻	• 약수 문제, 버스 노선, 통신망
		여러 가지 그래프	
	수형도	여러 가지 수형도	• 연산의 순서
		생성의 수형도	
	여러 가지 회로	오일러 회로	• 쾨니히스베르크 다리 문제(한붓그리기)
		해밀턴 회로	• 정다면체(오일러의 정리)
	그래프의 활용	행렬의 뜻	
		그래프와 행렬	
		색칠 문제	• 지도 색칠하기
알고리즘	수와 알고리즘	수와 규칙성	• 쌓기나무의 겉넓이, 수의 일의 자릿수, 프랙털
		수와 알고리즘	• 카드 맞히기 게임, 바코드, 암호놀이
	점화 관계	두 항 사이의 관계식	• 식탁의 수, 삼각수, 사각수, 정수를 두 제곱수의 차로 나타내기, 하노이 탑*
		세 항 사이의 관계식	• 정사각형의 변의 길이, 피보나치 수열*
의사결정의 최적화	의사결정과정	2×2 게임	
		선거와 정당성	• 골드바흐의 추측(소수)
	최적화와 알고리즘	계획 세우기	• 음식 주문하기, 썩은 계란 꾸러미 찾아내기
		그래프와 최적화	

* 출처: 논문, 중학교 수학에서 이산수학 지도 가능성 탐색(2001, 김지현)

정보올림피아드 시험에서의 수학 출제 범위는 반드시 이산수학만 나오는 것이 아니므로 평소 창의사고력 수학을 공부해 놓으면 도움이 됩니다.

2. 이산수학 출제 경향

다음은 2019년도 정보올림피아드 1차 중등부 기출문제 문항을 분석한 것입니다.

2019 정보올림피아드 1차 초등부 기출문제	
번호	유형 1 이산수학 문항 분석
1번	**부등식 문제** _ 수의 크기 비교
2번	**인사 문제** _ 그래프
3번	**5개의 원 문제** _ 조합 문제 - 이진법과 거듭제곱으로 해결
4번	**물통 문제** _ 좌표와 영역 문제
5번	**369게임 문제** _ 특정 영역에서 369 게임 횟수
6번	**개미 문제** _ 수직선 위에서 개미 이동에 따른 시간 계산
7번	**격자점 위의 개미 문제** _ 좌표와 이동 거리 계산
8번	**회문 문제** _ 문자열의 조합
9번	**빼기 연산**
10번	**토끼 문제** _ 알고리즘
11번	**볼록 다각형 문제** _ 기하 패턴
12번	**백만 번째 자릿수 찾기** _ 수의 규칙성

1교시 유형1 이산수학 문제의 경우 그래프, 진법 등 이산수학에서 필수적으로 탐구해야 하는 요소가 나오고 회문, 토끼 문제 등 알고리즘을 풀 때 필요한 내용을 수학적으로 접근하는 내용이 나옴을 알 수 있습니다. 백만 번째 자릿수 등 수의 규칙성을 요하는 문제는 전통적으로 많이 출제된 형태입니다.

정보올림피아드 1차에서 이산수학은 유형1에서 12문항이 나오지만, 유형2 비버챌린지 정보과학 문항 8문제를 분석한 결과 비버챌린지 유형도 60% 이상이 이산수학 기반하에 풀어야 합니다.

2019 정보올림피아드 1차 초등부 기출문제	
번호	유형 2 비버챌린지 문항 분석
1번	**팬케이크 문제(중등부 동일)** _ 공간지각력 - 좌우 반전
2번	**나무의 크기에 따른 순서** _ 수리 연산 감각 - 순서 정하기
3번	**비밀번호 만들기** _ 수리 연산 감각 - 규칙에 따라 가장 긴 비밀번호 만들기
4번	**정렬된 숫자의 곱(중등부 동일)** _ 수리 연산 감각 - 특정한 곱셈 값 추출하기
5번	**장난감 기차 문제** _ 수리 감각 - 연속한 두 수의 경곗값 이하 만들기
6번	**나뭇가지 문제** _ 게임전략 - 이기기 위한 조건
7번	**수직선 위의 비버 이동** _ 수직선과 정수 - 최적화 문제
8번	**이진법 체계**

정보올림피아드 1차 2교시 알고리즘 2문항을 분석해 보면 단순히 코딩만 한다기보다는, 수 감각 및 도형과 관련된 공간지각 능력이 있으면 푸는 데 도움이 됨을 알 수 있습니다.

2019 정보올림피아드 1차 초등부 기출문제	
번호	유형3 알고리즘 문제 내용
1번	**막대기 문제** _ 정수 개념, 공간지각
2번	**회문 문제**

3. 정보올림피아드 1차 대회 2교시, 알고리즘 문제 속의 이산수학

정보올림피아드의 알고리즘 문제를 푸는 데에도 이산수학적 내용은 중요합니다. 문제를 읽은 후 먼저 이산수학적으로 분석해서 핵심적인 공식을 코드로 표현하는 능력이 요구됩니다.

지역 본선 12년(2004~2015), 전국본선 10년(2008~2017), 최근 정보올림피아드 1차 대회 3년(2019~2021)에 대한 알고리즘 문제에 대해 이산수학적 내용을 분석해 본 결과 주로 다음과 같은 이산수학적 내용이 필요함을 알 수 있습니다.

- 수학은 최소 중1 수학 개념이 완성되어 있어야 한다.(약수와 배수, 공약수와 공배수, 최대공약수와 최소공배수, 소수, 평균, 대푯값)
- 최대, 최소 문제가 많이 출제된다.
- 최적화 문제가 많이 출제된다.
- 좌표평면(격자)을 도형과 결합한 문항을 분석할 수 있어야 한다.

1. 초등 정보올림피아드 1차 알고리즘 최근 기출 문항

년도	알고리즘 1번	이산수학의 적용	알고리즘 2번	이산 수학의 적용
2019	**막대기** 최신 1차_2019-01	막대기의 높이 정보가 주어졌을 때 몇 개가 보이는지 알아보기	**회문** 최신 1차 _ 2019-02	문자열의 회문 여부 판별
2020	**박 터뜨리기** 최신 1차 _ 2020-01	가장 많이 담긴 바구니와 가장 적게 담긴 바구니의 공의 개수 차이 계산	**피자 오븐** 최신 1차 _ 2020-02	시·분·초의 최소 조작수 구하기
2021	**지우개** 최신 1차 _ 2021-01	N개의 칸을 특정 규칙으로 지울 때 마지막으로 남는 수	**나누기** 최신 1차 _ 2021-02	수열의 부분합으로 나눌 수 있는 가능한 방법의 개수

2. 초등 지역 본선 문항

년도	알고리즘 1번	이산수학의 적용	알고리즘 2번	이산 수학의 적용
2004	**일곱 난쟁이** 2004-01	수의 합과 수의 정렬	**줄 세우기** 2004-02	수의 정렬 순서
2005	**대푯값 2** 2005-01	평균, 대푯값, 중앙값	**곱셈** 2005-02	세 자릿수의 곱셈 원리
2006	**홀수** 2006-01	홀수인 자연수, 최솟값	**숫자의 개수** 2006-02	세 자연수의 곱셈에서 숫자 세기
2007	**최댓값** 2007-01	최댓값과 최댓값의 순서	**색종이** 2007-02	정사각형 영역의 둘레
2008	**약수 구하기** 2008-01	N의 약수들 중 K 번째로 작은 수 구하기	**떡 먹는 호랑이** 2008-02	피보나치 수열 응용
2009	**윷놀이** 2009-01	이진법의 경우의 수	**수열** 2009-02	수열의 길이 계산
2010	**검증수** 2010-01	숫자의 제곱과 나머지 계산	**주사위 게임** 2010-02	주사위를 던지는 경우의 수에 따른 계산식
2011	**지능형 기차** 2011-01	변량 구간에서 최대 수 구하기	**나는 학급회장이다** 2010-02	투표를 하는 경우의 수와 합계점수
2012	**오븐 시계** 2012-01	시·분·초 시각 계산	**사이클** 2012-02	그래프를 이용해 반복연산(곱셈, 나눗셈)의 패턴 구하기
2013	**그릇** 2013-01	문자열의 수치 전환	**덩치** 2013-02	몸무게와 키의 조합을 이용한 크기 순서
2014	**과자** 2014-01	가격과 개수에 따른 돈의 액수	**자리배정** 2014-02	격자 모양의 공간에서 특정 좌표 구하기
2015	**10부제** 2015-01	십진수의 일의 자리 나눗셈	**세로 읽기** 2015-02	주어진 문자열을 세로로 읽은 순서

3. 초등 전국 본선 문항

년도	알고리즘 1번	이산수학의 적용	알고리즘 2번	이산 수학의 적용
2008	**절사 평균** 전국_2008-01	평균 구하기(절사 평균, 보정 평균)	**월드컵** 전국_2008-02	승무패 3가지 경우에 따른 조합
2009	**대표 자연수** 전국_2009-01	전체의 합을 최소로 하는 자연수	**루빅의 사각형** 전국_2009-02	4×4 격자판에서 타일이 움직이는 순서

2010	**용액** 전국_2010-01	N개의 정수에 대한 정렬값	**안전영역** 전국_2010-02	2차원 행과 열로 이루어진 매트릭스에서 특정 영역의 최대 개수 구하기
2011	**수열** 전국-2011_01	수열에서 합의 최댓값 구하기	**공약수** 전국_2011-02	두 수를 최대공약수와 최소공배수로 하는 두 개의 자연수
2012	**카드놀이** 전국_2012-01	카드 게임의 전략	**예산** 전국_2012-02	예산 배정에 있어 최적화 문제
2013	**올림픽** 전국_2013-01	금, 은, 동메달 개수에 따른 등수 매기기	**택배** 전국_2013-02	트럭 한 대로 배송할 수 있는 최대 박스 수
2014	**전자레인지** 전국_2014-01	시·분·초의 최소 조작 수 구하기	**색종이** 전국_2014-02	겹쳐 쌓인 색종이가 보이는 면적 구하기
2015	**사과** 전국_2015-01	학생 수와 사과 개수가 주어졌을 때, 학생들에게 나눠주고 남는 사과의 총 개수를 구하기	**벨트** 전국_2015-02	연결된 벨트에서 바퀴의 회전 방향과 분당 회전수 구하기
2016	**방 배정** 전국_2016-01	최적으로 방을 배정할 수 있는 최소한의 방의 개수 구하기	**타일 장식물** 전국_2016-02	피보나치 수열을 이용해 나선형 타일의 직사각형 둘레의 길이 구하기
2017	**딱지놀이** 전국_2017-01	딱지놀이에서 승자 결정	**방 배정하기** 전국_2017-02	배정된 모든 방에 빈 침대가 없도록 배정하는 방법

4. 정보올림피아드 이산수학 대비 전략

기출 문제 분석을 바탕으로 해서 이산수학 대비 전략을 세워 봅니다.

1. 중등 수학에 대한 배경 지식

최소 중1 수학에 대한 개념을 이해하고 있으면 좋습니다. 일부 문제는 문자를 통해 식을 세워 풀면 좋은데, 이것은 중1 수학 실력을 요구하고 있습니다.

2. 이산수학적 내용 숙지

진법변환, 수열, 순열과 조합, 그래프와 트리, 스택과 큐 등 초등학교 정규 교과과정에 나오지 않는 이산수학적 내용을 파악하고 있어야 합니다.

초등 사고력 수학 교재에 관련 내용이 나오지만, 내용을 찾기 어려우므로 이 책의 PART II 이산수학 핵심 이론 요점 정리를 통해 빠르게 공부해야 합니다.

3. 알고리즘(C언어, 파이썬 등) 문제를 풀 때 이산수학적 내용 정리

정보올림피아드를 대비하다 보면 필수적으로 알고리즘 내용을 탐구하게 됩니다. 문자열, 누적합계 등 알고리즘을 탐구하면서 나오는 수학은 대부분 이산수학적 내용이며 코드를 짜고 결과만 알아볼 것이 아니라, 그때그때 알고리즘 문제를 풀면서 이산수학적 내용을 정리하는 습관을 들이면 좋습니다.

4. 기출 문제를 통한 유형 학습

마지막으로 최소 5개년 이상의 기출문제를 풀어서 유형을 익혀야 합니다. 매년 새롭게 출제되는 이산수학 문제의 경우 기존 기출문제와 유사한 패턴이 60% 정도 되므로, 기출문제를 풀 수 있으면 이산수학의 고득점에 큰 도움이 됩니다.

PART II

이산 수학 이론 요점 정리

1 이진 논리와 진법변환

1. 수의 체계

1 정수

자연수(양의 정수), 0, 음의 정수를 정수라고 합니다.

2 유리수

정수와 분수(순환하는 무한 소수 포함)는 유리수입니다.

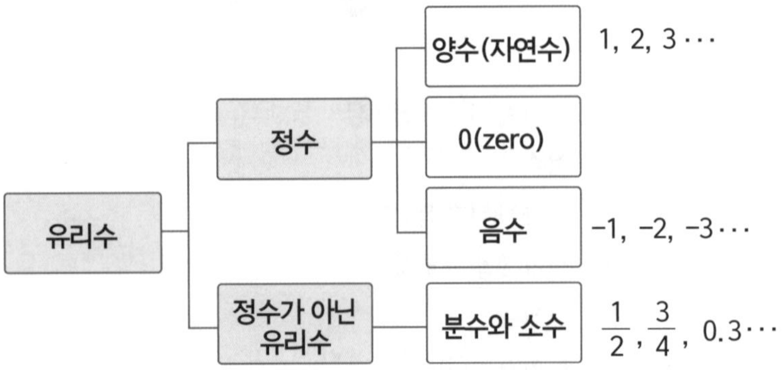

기초 문제 1

$\frac{3}{4}$을 소수로 나타내어 보시오.

2. 컴퓨터의 수 체계

컴퓨터에서 자주 사용하는 이진수, 8진수, 16진수에 대해 알아봅니다.

1 이진수와 십진수

사람은 10진법으로 수를 표현하고, 컴퓨터는 2진법으로 데이터를 표현하고 연산을 수행합니다.

1. **이진수:** 0과 1로 이루어진 수를 이진수라고 합니다.

   예 0, 1, 00, 01, 11, 01001101, …

2. **십진수:** 0과 9 사이의 숫자를 이용해 수를 표현합니다.

   예 5, 13, 123, 3543, …

2 8진수와 16진수

컴퓨터의 발전으로 데이터의 종류와 크기가 커지면서 요즘은 8진수, 16진수도 함께 쓰입니다.

1. **8진수:** 0과 7 사이의 숫자를 이용해 수를 표현합니다.

   예 06, 07

2. **16진수:** 0~9, A(10)~F(15) 사이의 숫자를 이용해 수를 표현합니다.

   예 09, F, A4

기초 문제 2

※ 다음 2진수, 8진수, 16진수에 대한 덧셈, 뺄셈 연산을 해보시오.

1. $1010_{(2)}+111_{(2)}$
2. $101_{(2)}-11_{(2)}$
3. $146_{(8)}+75_{(8)}$
4. $5A3_{(16)}+CF_{(16)}$

3. 진법 변환

진법 사이에는 변환이 가능합니다.

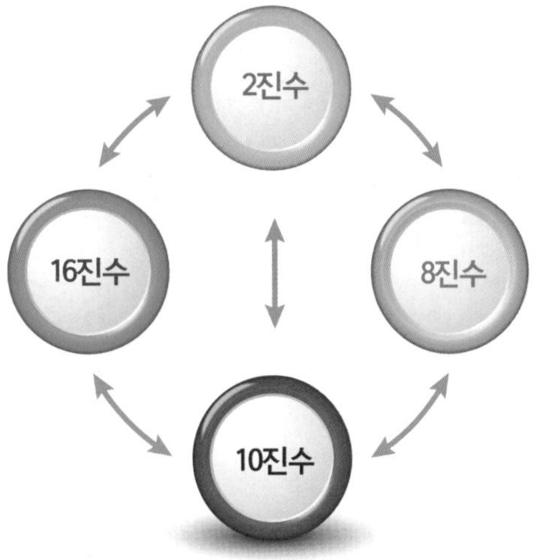

기초 문제 3

1. 다음 10진수를 2진수로 바꾸세요.

   49

2. 다음 10진수를 8진수로 바꾸세요.

   498

3. 다음 10진수를 16진수로 바꾸세요.

   372

4. 아래 수를 10진수로 바꾸세요.

   2진수 11011:

   8진수 74:

   16진수 2AC :

4. 거듭제곱과 지수 계산

1 거듭제곱 표현하기

$2 \times 2 = 2^2 = 4$ 입니다.

$2 \times 2 \times 2 \times 2 \times 2 = 2^5 = 32$ 입니다.

2^5에서 2를 밑이라고 하고, 5를 지수라고 합니다.

2 거듭제곱 연산

a, b, m, n을 0이 아닌 자연수라고 하면, 다음이 성립합니다.

$$a^m \times a^n = a^{m+n}$$

$$(a^m)^n = a^{mn}$$

$$\frac{a^n}{a^m} = a^{n-m} (n > m)$$

$$\frac{a^n}{a^m} = \frac{1}{a^{m-n}} (m > n)$$

기초 문제 4

※ 다음을 계산하시오.

1. $(2^3 \times 2^4)^5 =$

2. $\frac{2^2}{2^5} =$

5. 거듭제곱을 이용한 데이터 계산

1 1byte를 거듭제곱으로 표현하기

정보의 최소단위는 비트를 사용합니다.

1bit는 이진수 0 또는 1입니다.

2bit는 이진수 두 자리(00, 01, 10, 11)로 나타냅니다. 총 2^2=4개까지 나타낼 수 있습니다.

3bit는 이진수 세 개를 연속으로 나열합니다. 총 2^3=8개까지 나타낼 수 있습니다.

4bit는 2^4=16개, 5bit는 2^5=32개, 6bit는 2^6=64개, 7bit는 2^7=128개, 8bit는 2^8=256개까지 나타낼 수 있습니다.

8bit는 예를 들면 1101 0001과 같이 이진수 8자리로 나타냅니다.

2 킬로(Kilo), 메가(Mega), 기가(Giga), 테라(Tera) 표현하기

1 Kilo Byte = 1000 Byte(정확히는 2^{10}=1024Byte)

1 Mega Byte = 1000 Kilo Byte

1 Giga Byte = 1000 Mega Byte

1 Tera Byte = 1000 Giga Byte

기초 문제 5

※ 다음 물음에 답하시오.

1. 16bit로 표현할 수 있는 수의 크기를 쓰시오.

2. 16bit의 예를 이진수로 나타내시오.

6. 컴퓨터에서의 수의 범위를 거듭제곱으로 나타내기

자료형(data type)		할당되는 메모리 크기	표현 가능한 데이터 범위
정수형	char	1byte	-128 ~ +127
	short	2byte	-32,768 ~ +32,767
	int	4byte	-2,147,483,648 ~ +2,147,483,647
	long	4byte	-2,147,483,648 ~ +2,147,483,647
실수형	float	4byte	3.4×10^{-37} ~ 3.4×10^{38}
	double	8byte	1.7×10^{-307} ~ 1.7×10^{308}
	long double	8byte 또는 그 이상	차이를 크게 보임(double 이상의 표현 범위)

기초 문제 6

※ 컴퓨터에서의 메모리 크기를 거듭제곱으로 나타내시오.

자료형	메모리 크기	데이터 범위를 거듭제곱으로 표기
char	1byte	2^8
short	2byte	$2^8\times2^8=$
int, long, float	4byte	
double	8byte	

2 함수

1. 수직선과 좌표평면

1 수직선

직선 위에 0을 나타내는 점을 정한 후, 그 점의 오른쪽에 양수인 자연수를, 왼쪽에 음의 정수를 나타낸 것을 말합니다.

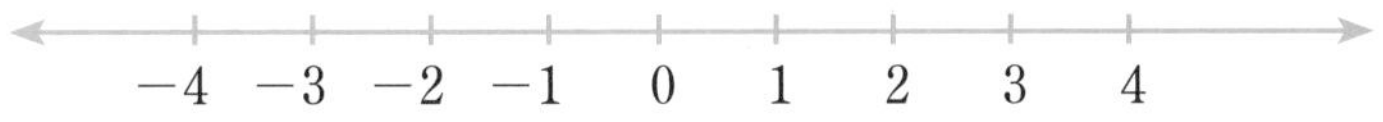

- 좌표: 수직선 위의 점이 나타내는 수
- 좌표의 표시: 수직선에서 점 P의 좌표가 a일 때 P(a)로 나타낸다.
- 원점: 좌표가 0인 점

2 좌표와 순서쌍

1. 좌표평면: 두 개의 수직선을 각각의 원점에서 서로 수직으로 만나게 그려 놓은 것을 말합니다.
   - x축: 가로의 수직선
   - y축: 세로의 수직선
   - 원점: 두 좌표축에서 만나는 점

2. 순서쌍: 순서를 정하여 두 수를 괄호 안에 짝지어 나타낸 것을 말합니다.
3. 점의 좌표: 점 P에서 x축, y축에 각각 수선을 내려 이 수선과 x축, y축이 만나는 점이 나타내는 수가 a, b이면 순서쌍 (a, b)를 점 P의 좌표라고 합니다.

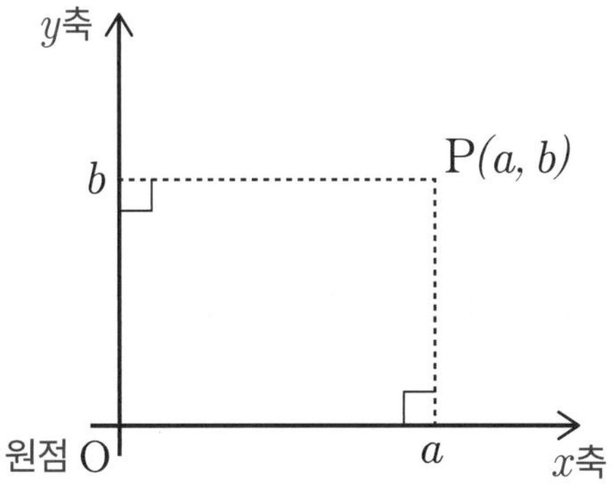

2. 함수와 함숫값

1 변수

변수는 x, y와 같이 변하는 양을 나타내는 문자를 말합니다.

2 함수의 정의

두 변수 x, y에 대하여 x의 값이 정해짐에 따라 y의 값이 하나로 정해지는 두 양 사이에 대응 관계가 성립할 때, y를 x의 함수라고 합니다.

3 일차함수

다음과 같은 경우를 일차함수라고 합니다.

$y=ax+b$

함수는 x값에 따라 y값이 달라집니다. $f(x)=ax+b$로도 표기합니다.

기초 문제 7

※ 일차함수 $y=3x+4$에 대하여, x의 값이 $-3, -2, -1, 0, 1, 2, 3$일 때, y의 값을 구하시오.

4 함수값

함수 $y=f(x)$에서 x의 값에 따라 하나씩 정해지는 y의 값, 즉 $f(x)$를 x의 함수값이라고 합니다.

함수는 다음과 같이 x와 y의 관계식으로 나타낼 수 있습니다.

$y=f(x)$

함수 f에서 x는 입력값이 되며, y는 출력값입니다.

$f(x)=2x+1$이라고 할 때, $x=3$이면 $f(3)=2\times3+1=7$입니다.

기초 문제 8

※ $f(x)=2(x-2)+3$이라고 하자. $f(4)$의 값을 구하시오.

2개의 값을 입력받을 때: 다음과 같이 입력값이 2개이고, 출력값이 하나인 함수를 탐구해 보자.

함수 f는 입력값 x, y에 따라 결괏값이 달라집니다.

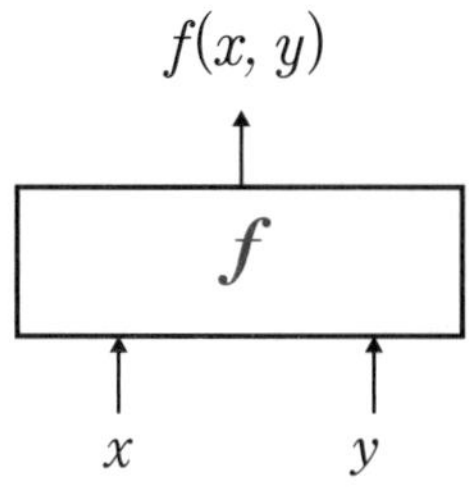

기초 문제 9

※ 다음과 같은 함수를 계산하시오.

$f(x, y)=2x+3y+1$라고 하자.

$f(4, 5)=$

3 기하 패턴과 정다면체

1. 평면도형의 넓이와 둘레 공식

1 사각형의 넓이와 둘레

가로의 길이가 a, 세로의 길이가 b라고 하면 다음 공식이 성립합니다.

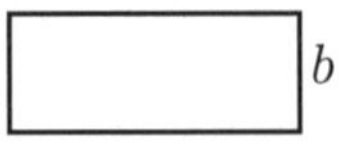

- 직사각형의 넓이: $S=a\times b$
- 직사각형의 둘레의 길이: $L=2(a+b)$

2 삼각형의 넓이, 세 변의 길이의 관계, 피타고라스의 정리

1. 밑변의 길이가 a, 높이가 h라고 하면 다음 공식이 성립합니다.

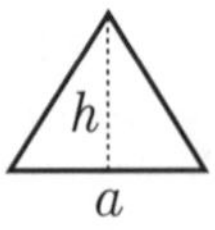

- 삼각형의 넓이: $S=\frac{1}{2}\times a\times h=\frac{1}{2}ah$

2. 삼각형의 세 변의 길이가 a, b, c라고 하자. 삼각형의 두 변의 길이는 항상 나머지 한 변의 길이보다 큽니다.

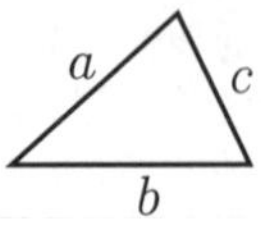

- $a+b>c$
- $a+c>b$
- $b+c>a$

3. 직각삼각형의 빗변의 길이를 c, 나머지 두 변의 길이를 a, b라고 하자. 피타고라스의 정리는 다음과 같습니다.

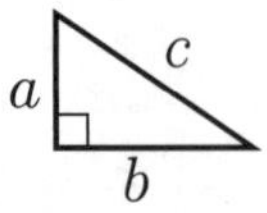

- $c^2=a^2+b^2$

3 원의 면적과 원주의 길이

원의 반지름의 길이를 r, 원주율을 π라고 하면 다음 공식이 성립합니다.

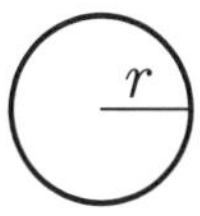

- 원의 넓이: $S=\pi r^2$
- 원의 둘레(원주)의 길이: $2\pi r$

4 마름모의 넓이와 둘레

마름모의 대각선의 길이를 a, b라고 하면 다음 공식이 성립합니다.

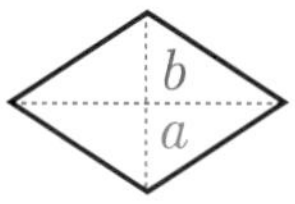

- 마름모의 넓이: $S=\frac{1}{2}ab$

마름모의 한 변의 길이를 c라고 하자. 마름모의 모든 변의 길이는 같습니다.

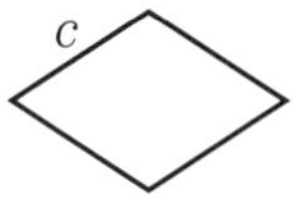

- 마름모의 둘레의 길이: $L=4\times c=4c$

5 평행사변형의 넓이와 둘레

평행사변의 밑변의 길이를 a, 높이를 h라고 하면 다음 공식이 성립합니다.

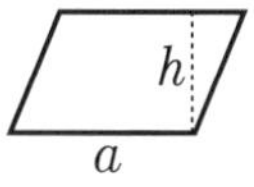

- 평행사변형의 넓이: $S=ah$

평행사변형의 이웃하는 두 변의 길이를 c, d라고 하자. 평행사변형의 마주 보는 변의 길이는 같습니다.

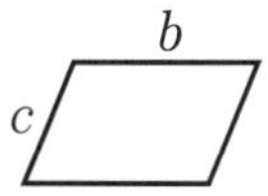

- 평행사변형의 둘레의 길이: $L=2b+2c=2(b+c)$

평행사변형인 도형: 정사각형, 직사각형, 마름모는 평행사변형입니다.

6 사다리꼴의 넓이

사다리꼴의 밑변의 길이를 a, 윗변의 길이를 b, 높이를 h라고 하면 다음 공식이 성립합니다.

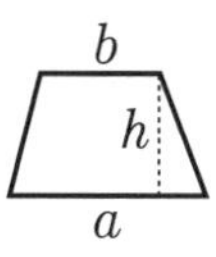

- 사다리꼴의 넓이: $S=\frac{1}{2}\times(a+b)\times h=\frac{1}{2}(a+b)h$

기초 문제 10

※ 한 변의 길이가 a인 정사각형을 절반의 크기로 계속 쪼개며 선을 표시했다. 아래와 같이 서로 이웃하지 않는 면에 색칠을 했다. 색칠한 부분의 면적을 문자로 나타내시오.

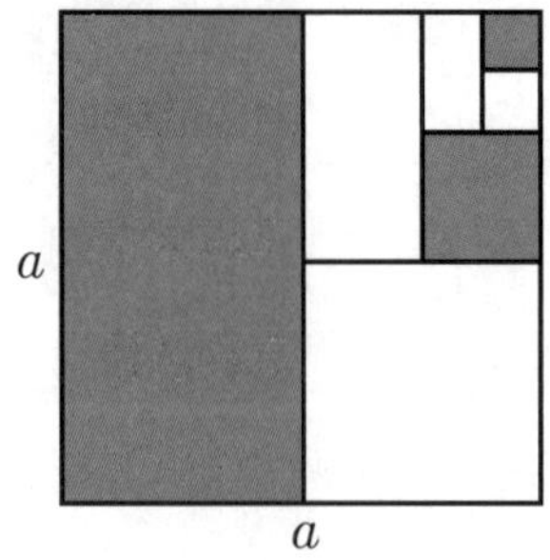

2. 입체도형의 부피와 표면적 계산

1 직육면체의 부피와 표면적

직육면체의 가로의 길이가 a, 세로의 길이가 b, 높이를 c라고 하자.

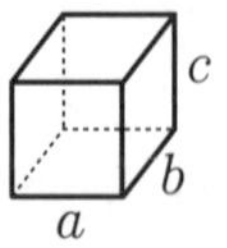

- 직육면체의 부피: $V=a\times b\times c$
- 직육면체의 표면적: $S=ab+bc+ca$

2 정육면체의 부피와 표면적

정육면체의 한 변의 길이를 a라고 하자.

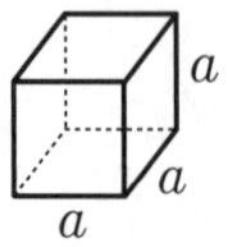

- 정육면체의 부피: $V=a\times a\times a=a^3$
- 정육면체의 표면적: $S=6\times a^2=6a^2$

3 구의 부피와 표면적

구의 반지름의 길이를 r이라고 하자.

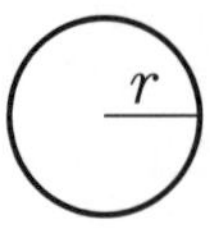

- 구의 부피: $V=\frac{4\pi r^3}{3}$
- 구의 표면적: $S=4\pi r^2$

기초 문제 11

※ 한 변의 길이가 3인 정육면체에서 각 면의 정중앙에 한 변의 길이가 1이고 길이가 3인 직육면체 형태로 위아래, 앞뒤, 좌우로 구멍을 뚫었다. 이 정육면체의 부피를 계산하시오.

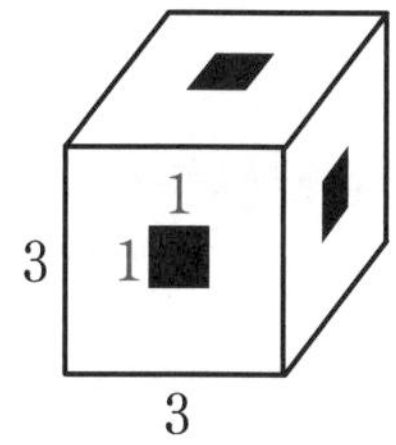

3. 좌표에 도형을 표현하고 넓이 계산하기

좌표평면에 아래와 같은 도형을 그렸을 때 꼭짓점의 좌표, 면적과 둘레의 길이를 계산해 보자.

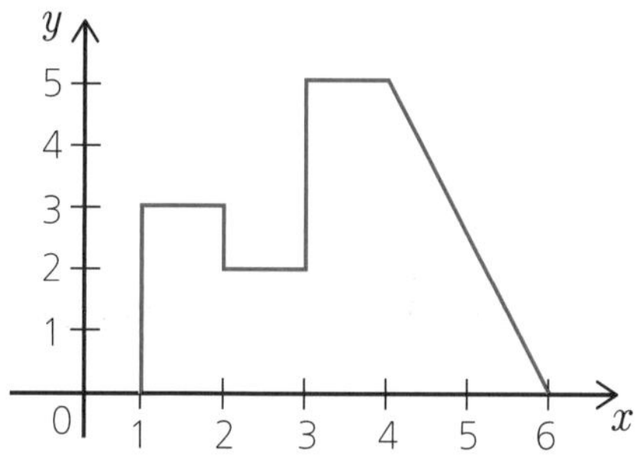

1. 꼭짓점의 좌표

좌표평면 위에 도형의 꼭짓점은 (1, 0), (1, 3), (2, 3), (2, 2), (3, 2) (3, 5), (4, 5), (6, 0)

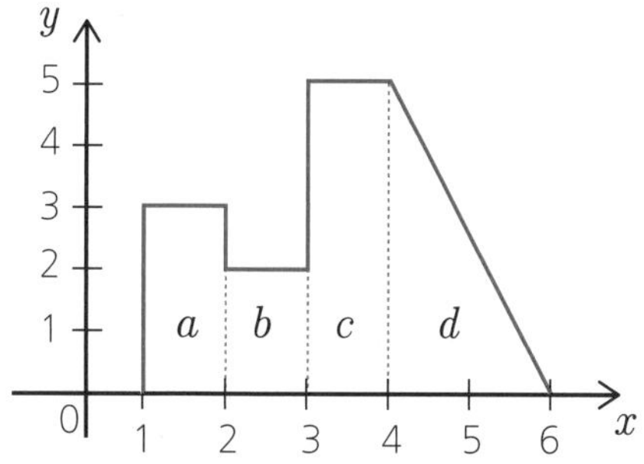

2. 도형의 면적

도형을 네 등분하자.

도형의 면적

$S= a+b+c+d$

$= 1\times3+1\times2+1\times5+\frac{1}{2}\times2\times5$

$= 3+2+5+5=15$

3. 도형의 둘레 길이

도형의 둘레 길이 $L=6+3+1+1+1+3+1+(2^2+5^2)=16+4+25=45$

4. 정다면체

1 정다면체

정다면체란 각 면이 서로 합동인 정다각형이고, 각 꼭짓점에 모여 있는 면의 개수가 같은 다면체를 말합니다.

2 정다면체의 종류

정사면체, 정육면체, 정팔면체, 정십이면체, 정이십면체 총 5개가 있습니다.

3 정다면체의 겨냥도

정사면체	정육면체	정팔면체	정십이면체	정이십면체
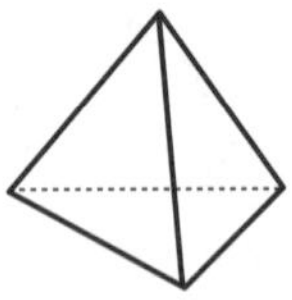	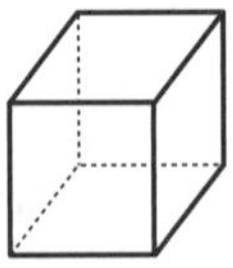	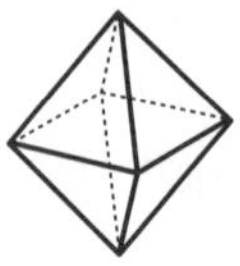	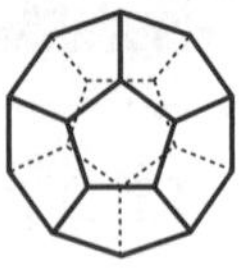	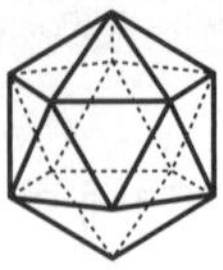

4 정다면체의 전개도

정사면체	정육면체	정팔면체	정십이면체	정이십면체
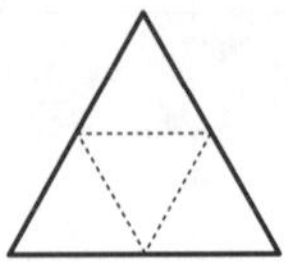	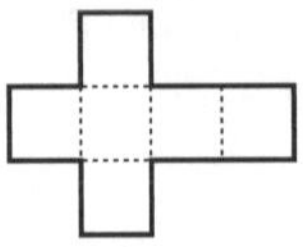	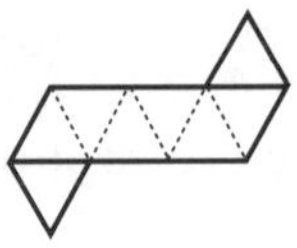	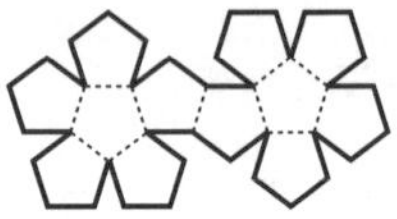	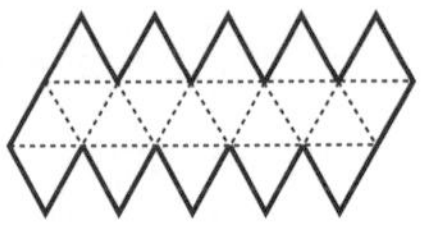

기초 문제 12

※ 아래는 정다면체를 조사한 표이다. 빈칸에 알맞은 수를 채워 넣으시오.

	정사면체	정육면체	정팔면체	정십이면체	정이십면체
면의 모양	정삼각형	정사각형	정삼각형	정오각형	정삼각형
한 꼭짓점에 모이는 면의 개수	3		4	3	
면의 개수		6	8		20
모서리의 개수	6		12		30
꼭짓점의 개수		8	6	20	

4 집합(포함과 배제)

1. 집합의 정의

- 조건에 따라 그 대상을 분명히 할 수 있는 것들의 모임.
- 명확한 기준에 의해 분류되어 공통된 성질을 가지며 중복되지 않는 원소의 모임.

2. 집합이 될 수 있는 것과 없는 것

1 집합이 될 수 있는 것

예 5학년 2반 학생 중에서 키가 150㎝ 이상인 남학생들의 모임.

예 6학년 1반 학생 중에서 중간고사에서 수학 점수가 90점 이상인 학생들의 모임.

2 집합이 될 수 없는 것

예 1학년 1반 학생 중에서 예쁜 여학생들의 모임.(사람마다 예쁘다는 기준이 다르므로 집합이 될 수 없어요.)

3. 집합의 표기 방식

1 원소 나열법

집합에 포함되는 원소들을 일일이 나열하는 방법.

$A=\{1, 2, 3, 4, 5, 6\}$

2 벤다이어그램

집합과 원소의 포함관계를 그림으로 보여주는 방법.

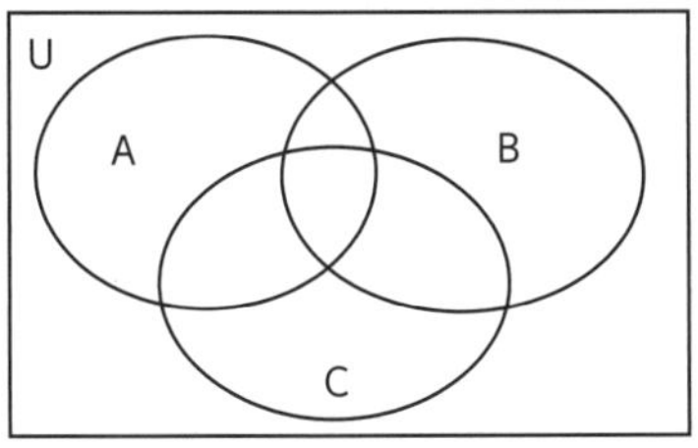

4. 집합의 종류

1 전체 집합

부분 집합에 대하여, 한 집합의 원소 전체로 이루어지는 집합.

2 교집합

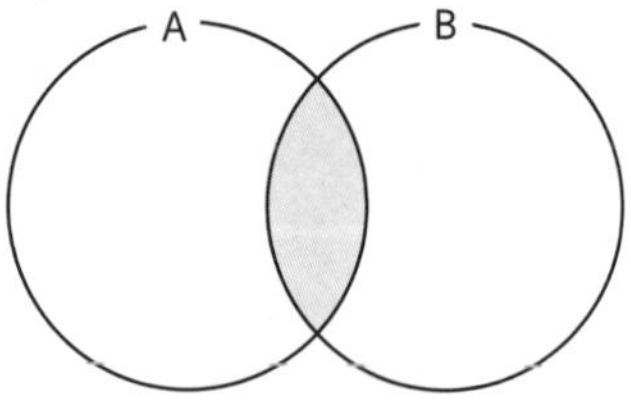

교집합 $A \cap B$

임의의 두 집합 A, B에 대하여 집합 A에도 속하고 집합 B에도 속하는 모든 원소의 집합.

3 합집합

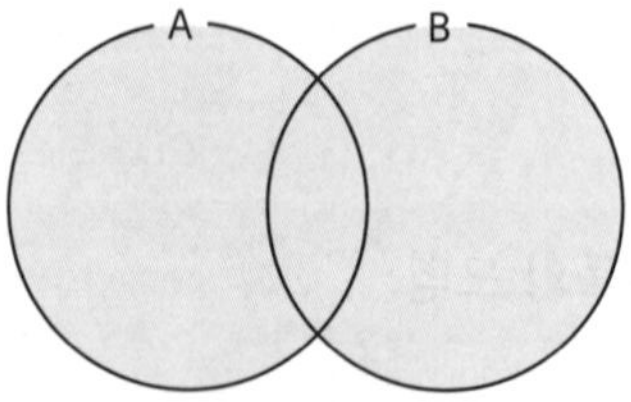

합집합 $A \cup B$

임의의 두 집합 A, B에 대하여 집합 A 또는 집합 B에 속하는 모든 원소의 집합.

4 여집합

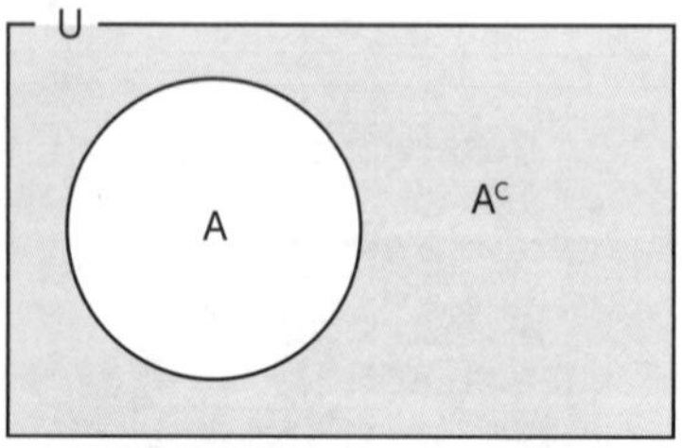

전체 집합 U, 부분 집합 A, 여집합 A^c

전체 집합 U, 전체 집합의 부분 집합 A에 대하여 부분 집합 A에 속하지 않는 모든 원소의 집합.

$U=A+A^c$

$U-A=A^c$

5 차집합

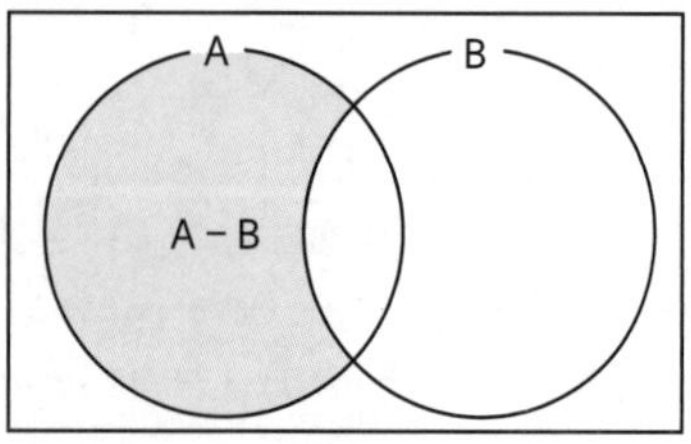

임의의 두 집합 A, B에 대하여 집합 A에 속하고 집합 B에는 속하지 않는 모든 원소의 집합.

5. 집합의 포함관계

1 상등

두 집합에 속하는 원소의 개수가 같은 집합. 두 집합 A, B가 상등이면 $A=B$.

2 부분 집합

집합 A의 모든 원소가 집합 B에 포함되는 경우 A는 B의 부분집합입니다.

$A \subset B$

- A가 B의 부분집합이 아닐 때: $A \not\subset B$

3 원소의 포함관계

- 1은 집합 A의 원소입니다.

  $1 \in A$

- a는 집합 B의 원소입니다.

  $a \in B$

- 1이 A의 원소가 아닐 때: $1 \notin A$

6. 집합의 연산

1 합집합과 교집합의 연산

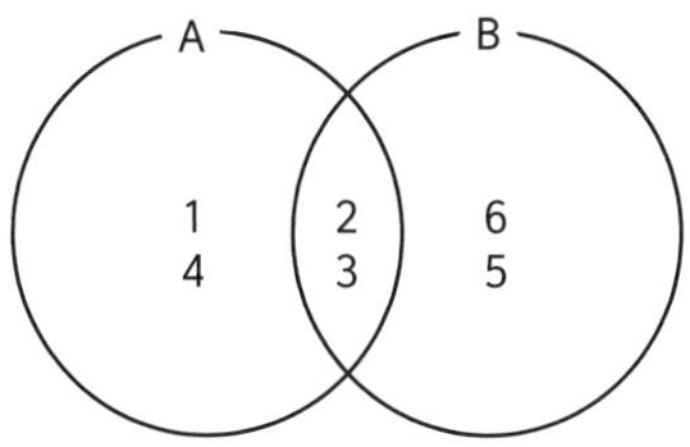

두 집합 $A=\{1, 2, 3, 4\}$, $B=\{2, 3, 5, 6\}$일 때

$$A \cup B = \{1, 2, 3, 4, 5, 6\}$$
$$A \cap B = \{2, 3\}$$

2 집합의 개수

집합의 개수는 $n(A)$와 같이 나타내며 $A=\{1, 2, 3\}$의 경우 $n(A)=3$입니다.

- 두 집합의 개수에 대하여 다음이 성립합니다.

$$n(A \cup B) = n(A) + n(B) - n(A \cap B)$$

· 세 집합의 개수에 대하여 다음이 성립합니다.

$$n(A \cup B \cup C) = n(A) + n(B) + n(C) + n(A \cap B) + n(B \cap C) + n(C \cap A) - n(A \cap B \cap C)$$

3 부분 집합의 개수

집합 $A=\{1, 2, 3\}$이라고 하자. 집합 A의 부분 집합은 다음과 같습니다.

$\{1\}, \{2\}, \{3\}, \{1, 2\}, \{1, 3\}, \{2, 3\}, \{1, 2, 3\}, \phi$

· ϕ(파이)는 공집합으로 { }로 표시할 수도 있습니다. 아무 원소도 가지지 않는 집합이며, 공집합은 모든 집합의 부분 집합입니다.

어떤 집합의 원소의 수가 n개이면 부분 집합의 개수는 2^n개만큼 있습니다.

기초 문제 13

※ 다음 벤다이어그램을 보고 각 집합의 원소를 표시하시오.

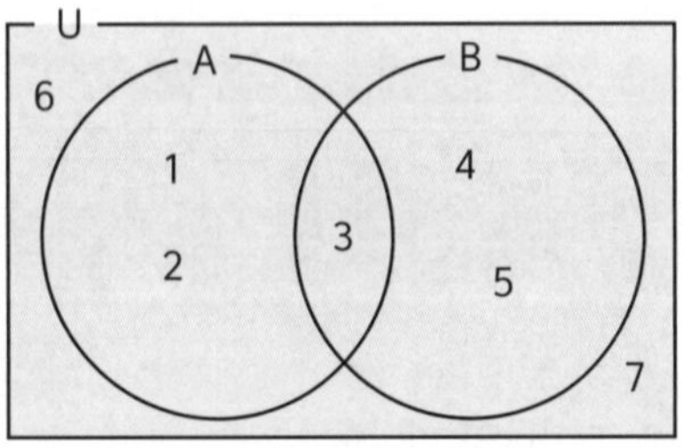

1. $A \cap B=$
2. $A \cup B=$
3. $A-B=$
4. $B-A=$
5. $A^c=$
6. $B^c=$
7. $n(A \cup B)=$

5 그래프

1. 그래프란?

컴퓨터 과학에서의 그래프란, '연결된 정점(node or vertex)과 그 정점을 연결하는 선인 간선(edge)으로 이루어진 자료구조(data structure)'를 말합니다.

- 그래프에 대한 쉬운 정의

  유한개의 점과 그 점을 연결하는 선으로 이루어진 도형 즉, 점과 선 그리고 그들의 연결로서 표현된 도형을 그래프라고 합니다.

  그래프는 모든 정점이 간선으로 연결되어 있지 않을 수 있습니다. 이러한 그래프를 비연결 그래프(disconnected graph)라고 합니다.

- 그래프 표기

  그래프(graph) $G=(V, E)$

  V: 그래프 G의 정점

  E: 그래프를 연결하는 간선(edge)

2. 그래프의 차수(degree)란?

그래프의 차수란 한 정점에 연결된 간선의 수를 말합니다.

1. 홀수 점과 짝수 점
   - 홀수 점: 차수가 홀수인 정점
   - 짝수 점: 차수가 짝수인 정점

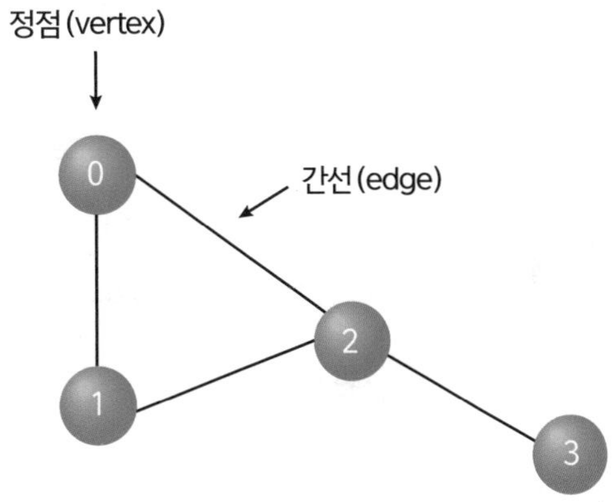

2. 방향 그래프에서 진입 차수(In Degree)와 진출 차수(Out Degree)

왼쪽 그래프에서 노드 2로 들어오는 In Degree는 2이고, Out Degree는 1입니다.

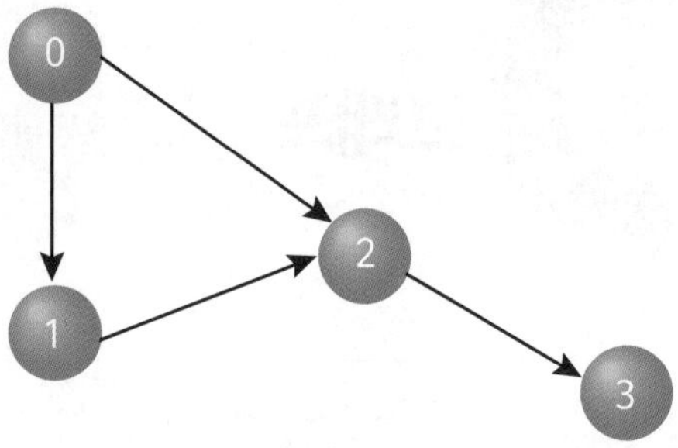

기초 문제 14

※ 오른쪽 그래프에서 그래프의 차수를 노드에 숫자로 표시하시오.

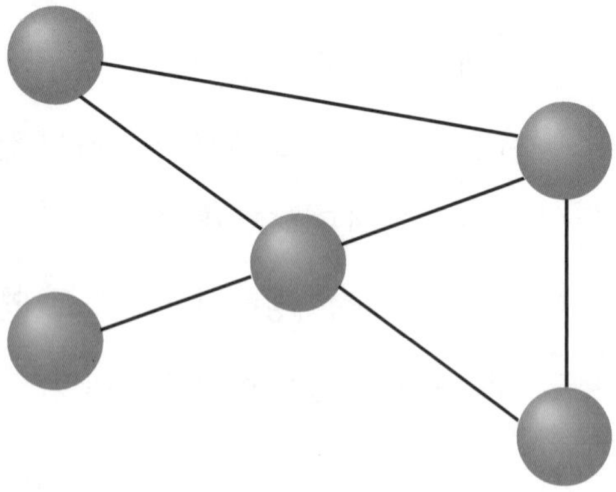

3. 그래프의 종류

1 방향에 따른 분류

1. **방향 그래프**(directed graph): 정점과 정점 사이 방향성이 있는 간선으로 이루어진 그래프를 말합니다.
2. **무방향 그래프**(방향이 없는 그래프, undirected graph): 정점과 정점 사이 방향성이 없는 간선으로 이루어진 그래프를 말합니다. 보통 그래프라고 하면, 이 양방향 그래프를 말하는 것입니다.

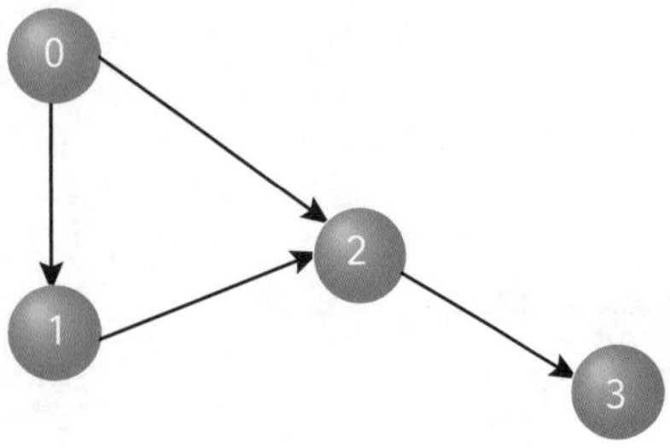

방향 그래프

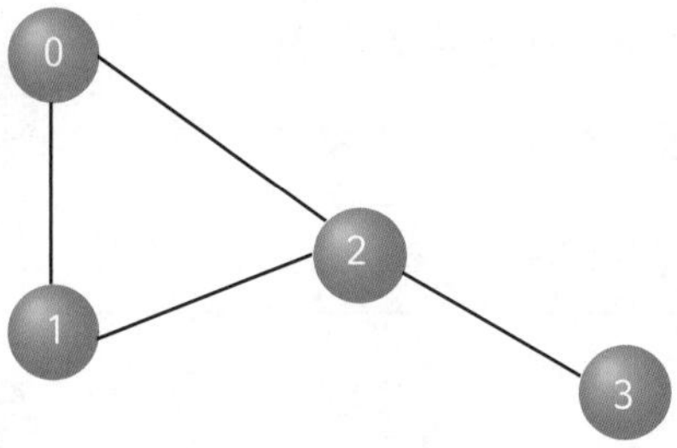

무방향 그래프

- **그래프 표기**

  방향 그래프 $G=<V,\ E>$

  무방향 그래프 $G=(V,\ E)$

  $V=\{v_1, v_2, \cdots, v_{n-1}, v_n\}$

  $E=\{e_1, e_2, \cdots, e_{m-1}, e_m\}$

2 구조적 특징에 따른 분류

1. **단순 그래프**(simple graph): 두 정점 사이에 오직 한 개의 간선만 존재하는 그래프입니다.
2. **다중 그래프**(multiple graph): 두 정점 사이에 두 개 이상의 간선이 존재하는 그래프입니다.
3. **의사 그래프**(pseudo graph): 다중 간선과 루프(loop)를 허용하는 그래프입니다.
4. **완전 그래프**(complete graph): 모든 정점이 연결된 그래프입니다. 두 정점 간에 최소한 한 개, 또는 그 이상의 경로가 반드시 있게 됩니다. 즉, 모든 정점의 쌍 사이에는 간선이 반드시 존재합니다.

- n개의 정점으로 구성된 그래프에서 간선 수가 최대인 그래프.
- 무방향 그래프의 최대 간선의 수: $\dfrac{n(n-1)}{2}$
- 방향 그래프의 최대 간선의 수: $n(n-1)$개

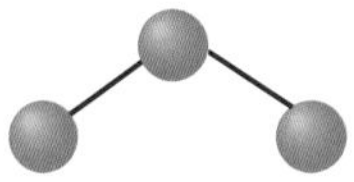

단순 그래프

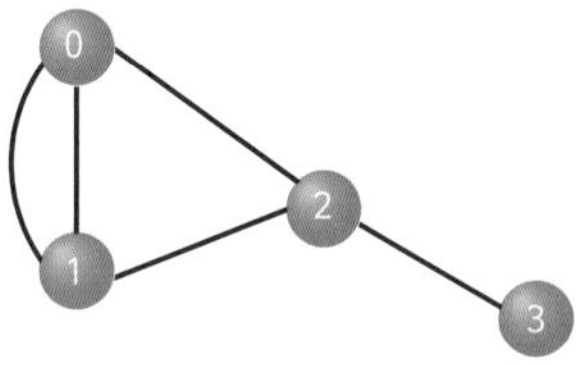

다중 그래프

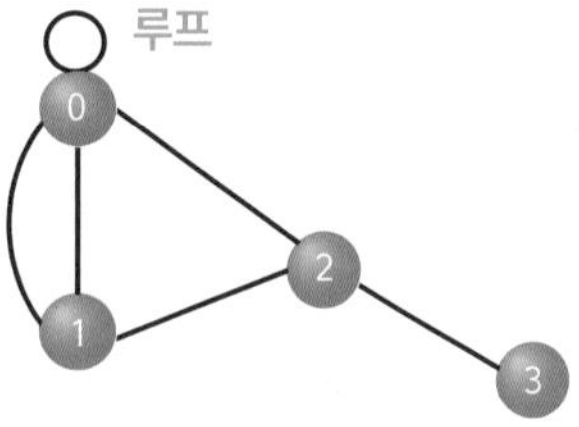

의사 그래프

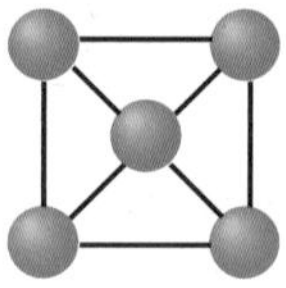

완전 그래프

기초 문제 15

※ 아래 그림과 같이 원 모양의 도로 위에 다섯 개의 도시가 있다. 인접한 도시 사이에는 버스 노선을 만들고, 나머지 도시 사이에는 항공 노선을 만들려고 한다. - (주)금성출판사(양), 7-나, p.92

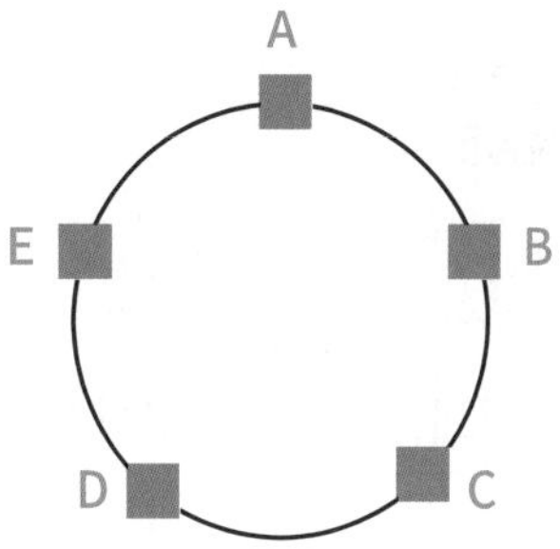

1. 버스 노선은 몇 개가 필요한가?

2. 항공 노선은 몇 개가 필요한가?

5. **정규 그래프:** 그래프 $G=(V,\ E)$ 내에 있는 모든 정점의 차수가 같은 그래프입니다.

6. **가중치 그래프:** 간선에 가중치가 부여된 그래프입니다.

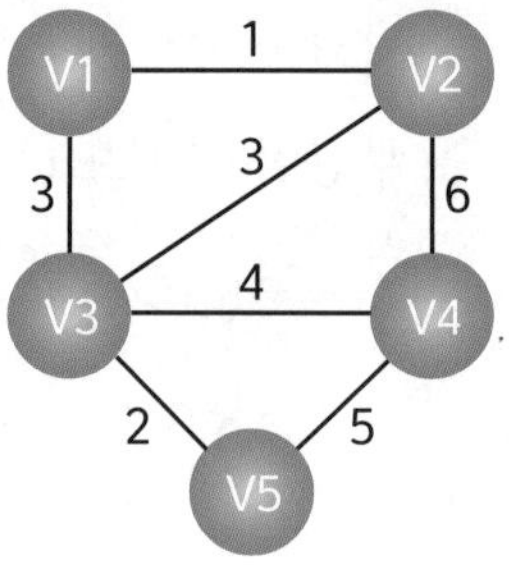

그래프 $G=(V,\ E)$가 평면(2차원)상에 그려질 수 있는 그래프이며, 이때 간선들은 서로 교차하지 않습니다. 즉, 어떤 두 개의 간선도 교차하지 않게 그릴 수 있는 그래프입니다.(가중치는 길이, 비용, 시간 등 다양하게 설정할 수 있습니다.)

7. **평면 그래프:** 어떤 두 변도 서로 교차하지 않게 평면상에 그릴 수 있는 그래프입니다.

기초 문제 16

※ 오른쪽 가중치 그래프에서 간선의 숫자는 거리를 말한다. v1에서 v6로 가는 최단 경로를 구하시오.

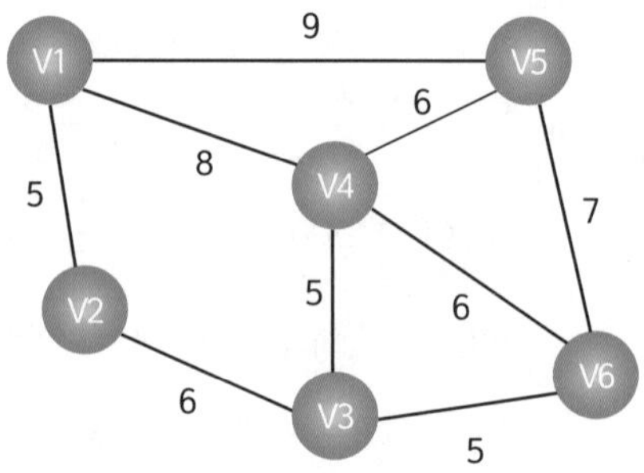

기초 문제 17

※ 신도시가 건설되어 각 가정 A, B, C, D, E에 수돗물 공급을 위한 배관작업을 하려고 한다. 각 집 사이의 거리가 오른쪽 그래프로 나타내어질 때 최소의 비용으로 배관작업을 하려면 어떤 경로로 배관을 하여야 할까?

- http://plaza.snu.ac.kr/~mal/DISCRETE

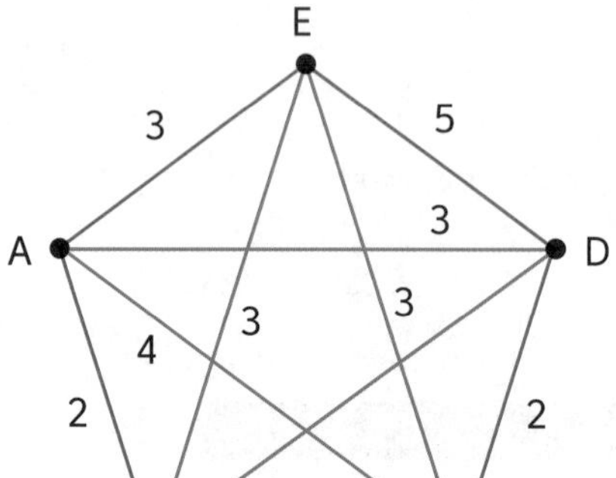

4. 오일러 그래프

1 오일러 공식

평면 그래프에서 꼭짓점의 수를 v, 모서리 수를 e, 영역의 수를 s라고 할 때 다음 공식이 성립합니다.

$$v-e+s=2$$

2 오일러 경로

오일러 경로는 모든 모서리를 꼭 한 번씩만 지나는 경로를 말합니다.

3 오일러 순환/오일러 회로

오일러 순환(오일러 회로)은 꼭짓점 v에서 시작해 모든 모서리를 꼭 한 번씩만 지나 v로 다시 돌아오는 경로입니다.

- 회로(cycle): 그래프 이론에서 회로란 시작점과 끝점이 일치하는 경로입니다.
- 수형도: 단순 회로가 없는 연결된 그래프라고 할 수 있습니다.

4 오일러 그래프

오일러 그래프는 오일러 순환을 가지는 그래프입니다.

5 한붓그리기

한붓그리기(Planar Embedding): 평면 그래프를 그릴 때, 모든 선분이 한 번만 그려지도록 하는 것을 말합니다. 이때, 한붓그리기가 가능한 그래프를 플레이너 그래프(Planar Graph)라고 합니다.

한붓그리기 가능한 조건: 그래프의 꼭짓점 중에서 차수가 홀수인 것의 개수가 0 또는 2개일 때, 한붓그리기가 가능합니다. 이를 오일러의 한붓그리기 정리(Euler's One-Sided Formula)라고 합니다.

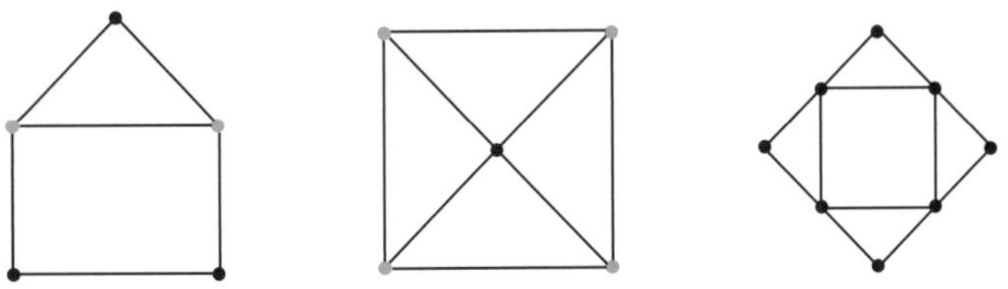

기초 문제 18

※ 다음 도형에서 한붓그리기가 가능하지 않은 것을 고르시오.

① 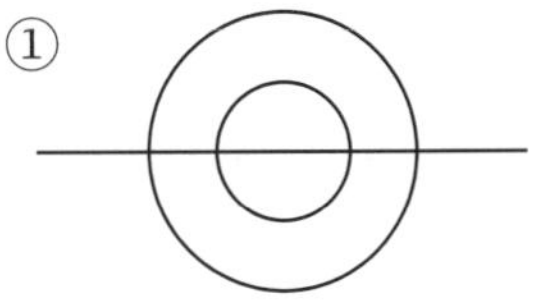

② 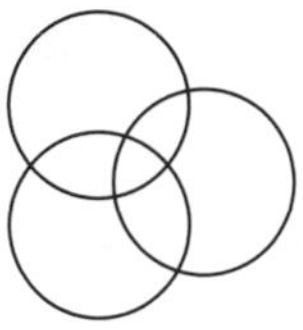

③ 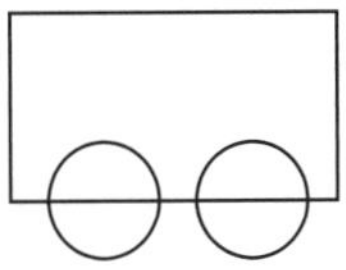

④ 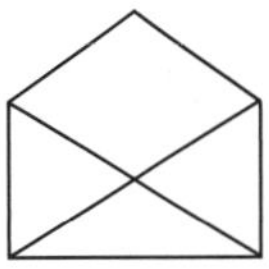

기초 문제 19

※ 다음 그림은 어느 집의 방과 방 사이의 문을 나타낸 것이다. a와 h는 밖으로 통할 수 있는 문이다. 밖에서 문 a로 들어와 각 문을 한 번씩만 지나 문 h를 통하여 밖으로 나갈 수 있는가? - Jackson and Thoro, 1989, p.151

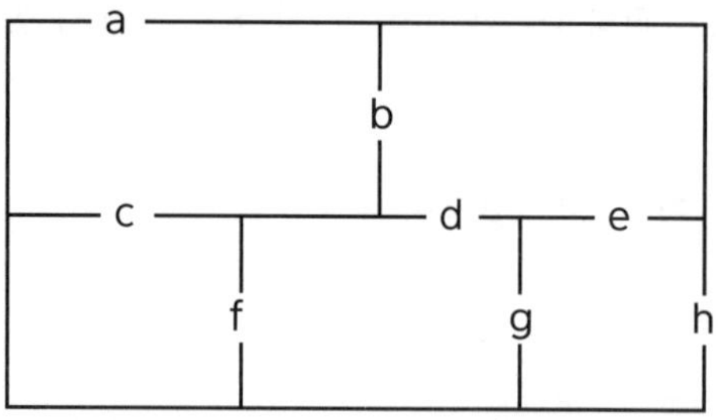

5. 해밀턴 그래프

1 해밀턴 경로란?

해밀턴 경로는 오른쪽 그림처럼 모든 꼭짓점을 한 번씩 지나는 경로를 말합니다. (출발했던 꼭짓점으로 다시 돌아올 필요는 없음)

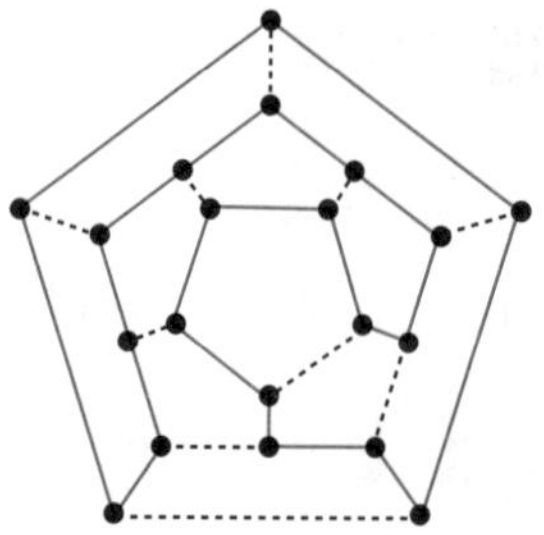

2 해밀턴 순환(회로)이란?

해밀턴 순환(회로)은 한 꼭짓점에서 시작해서 모든 꼭짓점을 꼭 한 번씩만 지나 원래 꼭짓점으로 다시 돌아오는 경로를 말합니다.

3 해밀턴 그래프

해밀턴 그래프는 해밀턴 순환을 갖는 그래프를 말합니다.

기초 문제 20

※ 다음 그래프에서 해밀턴 경로를 그리시오.

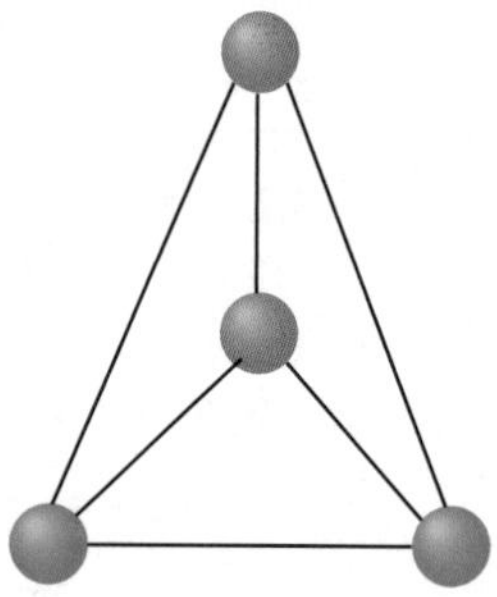

6. 그래프와 색칠문제

1 4색 정리

4색 정리는 '어떤 지도든 서로 맞닿은 국가 혹은 행정구역이 서로 다른 색을 띠도록 만드는데 4색이면 충분하다.'라는 정리를 말합니다.(4색 정리는 많은 수학자가 증명에 실패하다가 컴퓨터의 도움을 받아 4색 정리가 증명되었습니다.)

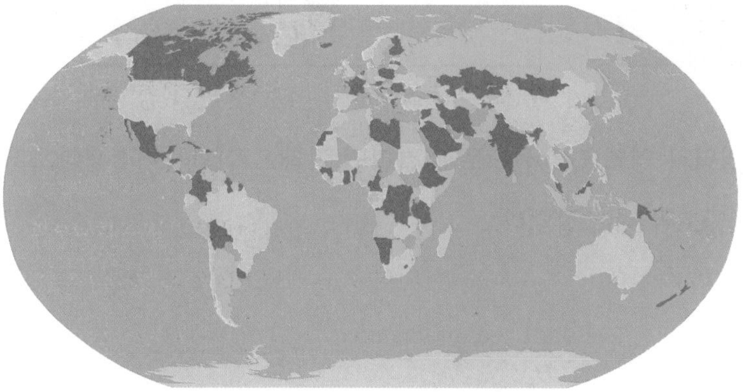

기초 문제 21

※ 오른쪽 그림은 대한민국 지도로 각 도와 특별시, 광역시까지 표시되어 있다.

1. 인접한 시도가 같은 색이 되지 않도록 색칠해 보세요.
2. 인접한 시도가 같은 색이 되지 않도록 색칠하는 데는 몇 가지 색이면 될까요?

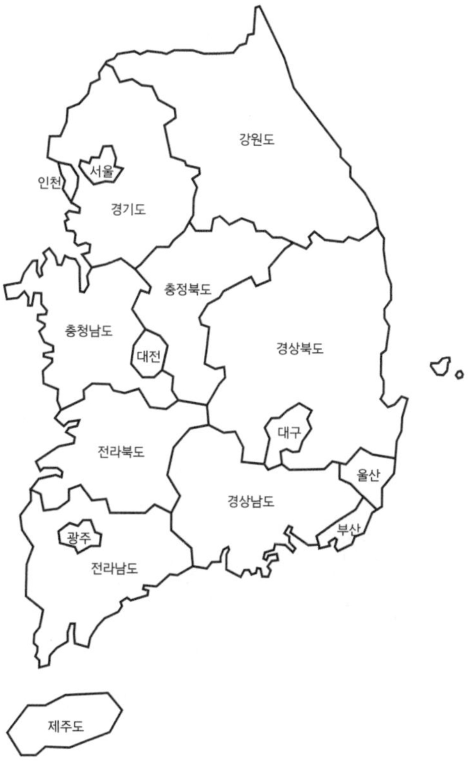

2 색칠한 영역을 그래프로 바꾸기

지도를 색칠하는 문제는 그래프 형태로 바꾸어 생각해 볼 수 있습니다.

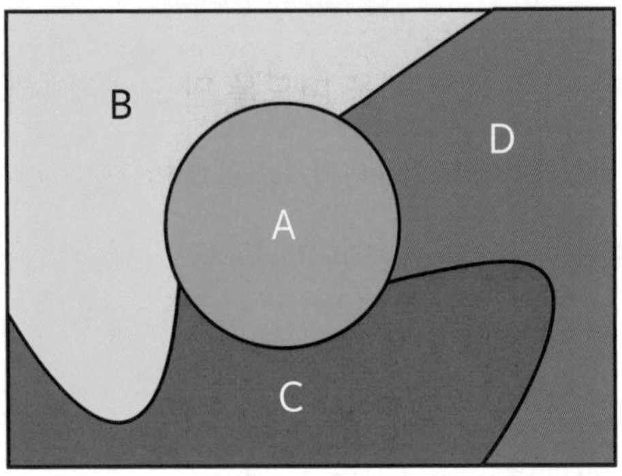

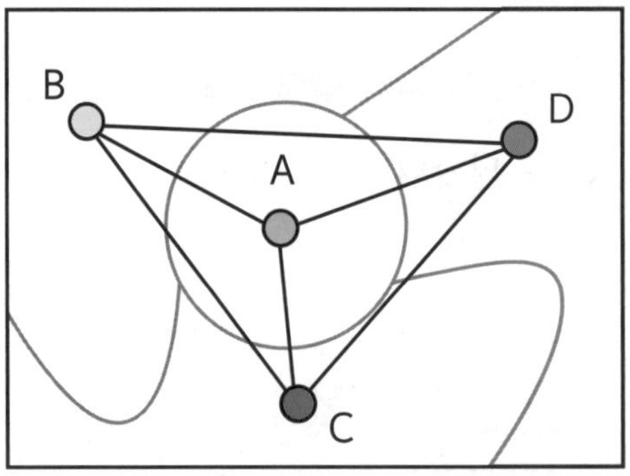

색칠한 영역을 정점(노드)으로 하고 영역과 영역을 간선으로 연결하면 그래프가 만들어집니다. 그래프의 인접한 정점들은 같은 색깔을 가지지 않도록 해야 합니다.

기초 문제 22

※ 오른쪽 그림은 4개의 동그라미와 선이 연결된 그래프이다. 색칠하는 방법은 몇 가지일까요? (단, 5가지 색만 사용할 수 있고, 선으로 연결된 곳은 다른 색을 칠해야 한다.)

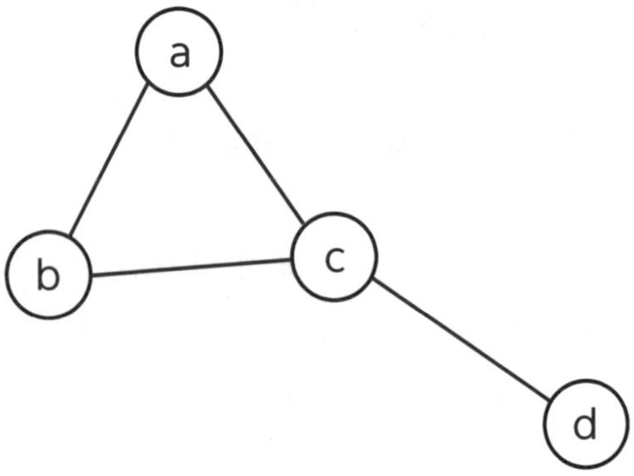

6 트리와 수형도

1. '트리'란?

트리(tree)는 비선형(non-linear) 자료구조를 말합니다. 컴퓨터의 기억장소 할당, 자료 정렬(sorting), 자료 저장과 검색(retrieval), 그리고 언어의 번역 등에 효과적으로 이용될 수 있는 자료구조입니다.

트리 자료구조는 예를 들어 사장을 정점으로 하여, 이사, 부장, 과장, 계장, 계원 등과 같은 회사의 조직표나 조상과 자손들 간의 관계를 표기해 놓은 족보와 같은 것입니다. 이런 이유로 나무가 뿌리에서 가지로, 가지에서 잎으로 구성된 것을 비유하여 자료 간에 계층적 구조를 가질 때 이를 트리라고 합니다.

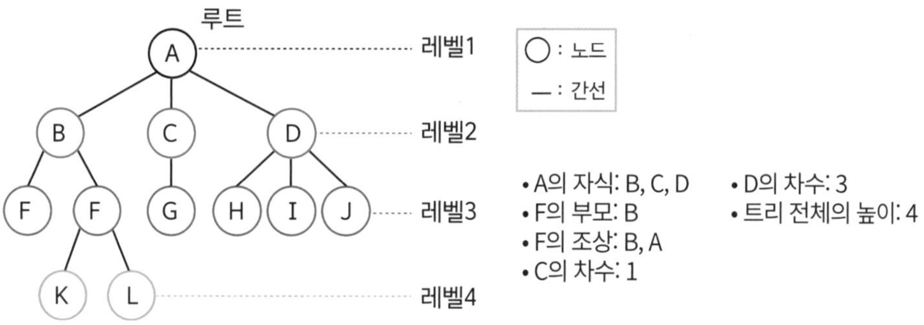

노드(Node)	트리를 구성하는 꼭짓점
루트(Root)	트리인 그래프의 가장 높은 곳에 위치하는 시작 노드
부모 노드(Parent Node)	트리를 구성하는 노드의 바로 한 단계 위에 있는 노드
자식 노드(Child Node)	트리를 구성하는 노드의 바로 한 단계 아래에 있는 노드
형제 노드(Sibling Node)	트리를 구성하는 노드에서 부모가 같은 노드
리프 노드(Leaf Node)	트리를 구성하는 노드 중 자식이 없는 노드
레벨(Level)	루트 노드를 레벨 0으로 시작하여 자식 노드로 한 단계씩 내려갈 때마다 하나씩 증가하는 단계
높이(Height)	트리의 최대 레벨

• 루트를 레벨0으로 해서, 1씩 증가시키며 레벨1, 레벨2, 레벨3 형태로 레벨을 표현하는 것도 가능합니다.

• 리프 노드는 터미널 노드(Terminal Node)라고도 합니다.

기초 문제 23

※ 오른쪽의 트리를 보고 물음에 답하시오.

1. 노드(Node)는 모두 몇 개인가요?
2. 루트(Root) 노드는?
3. E의 부모 노드(Parent Node)는?
4. E의 자식 노드(Child Node)는?
5. H의 형제 노드(Sibling Node)는?
6. 이 트리의 레벨(Level)은?
7. 이 트리의 높이(Height)는?

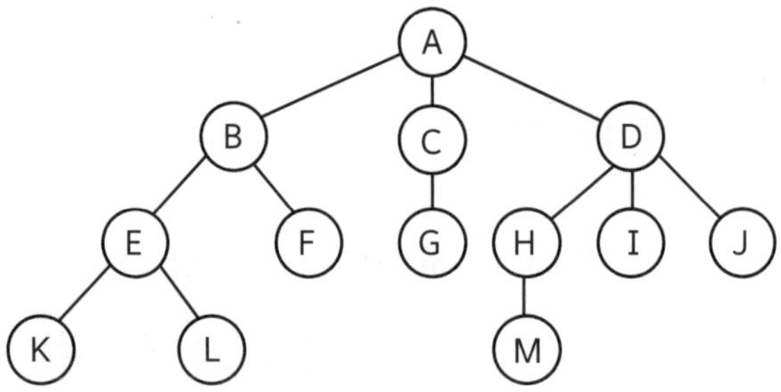

2. 트리 구조의 예

1 회사 조직도

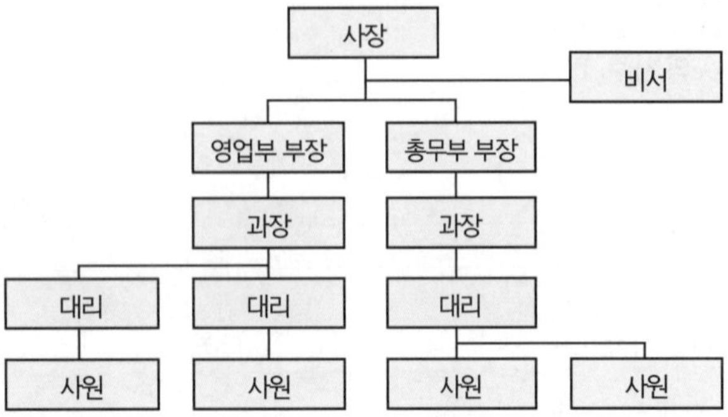

2 파일 구조

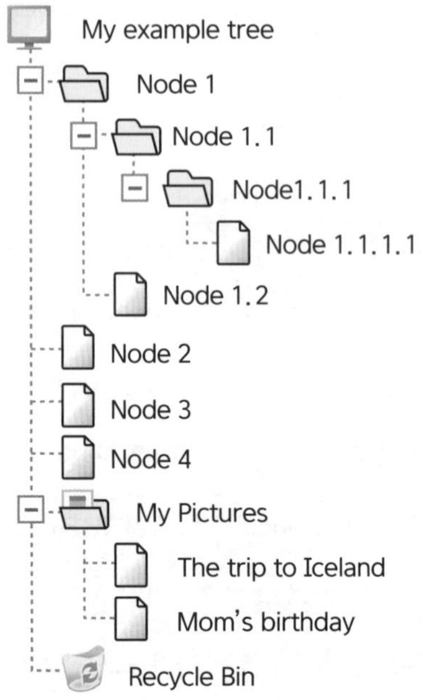

3. 트리의 종류

1 이진 트리(Binary Tree)

트리의 차수가 최대 2인 트리를 말합니다.(기본적으로 자식 노드를 2개 가지는 트리)

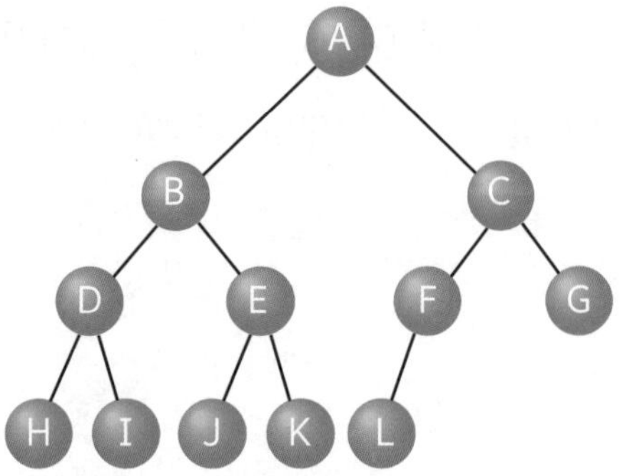

기초 문제 24

※ 오른쪽의 이진 트리를 보고 물음에 답하시오.

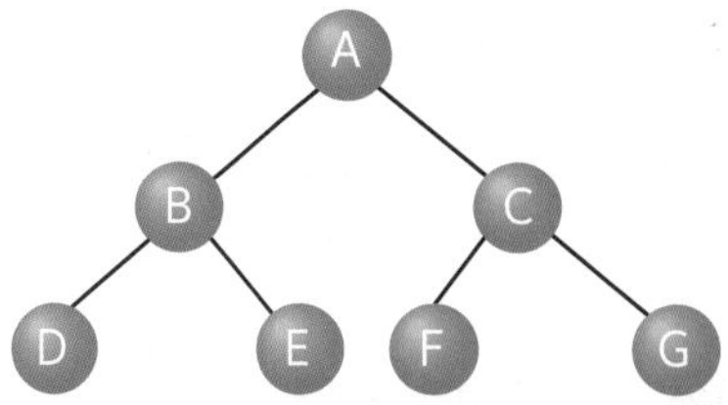

1. 루트로부터 2갈래씩 뻗어 나갈 때 Z가 위치한 곳의 레벨은?
2. 루트로부터 3갈래씩 뻗어 나갈 때 Z의 레벨은?

2 완전 이진 트리(Complete Binary Tree)

완전 이진 트리는 마지막 레벨을 제외하면 완전히 꽉 차 있고, 마지막 레벨은 가장 오른쪽부터 연속된 몇 개의 노드가 비어 있을 수 있습니다.

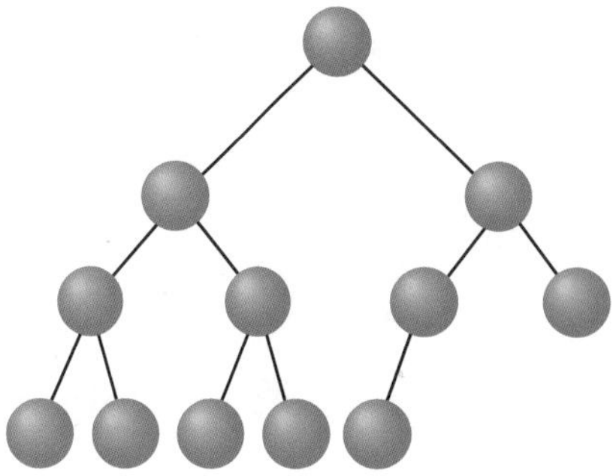

3 포화 이진 트리(Full Binary Tree)

포화 이진 트리는 모든 노드의 차수가 2차인 트리로, 트리의 마지막 리프 노드까지 모두 2개씩 노드가 채워져 있습니다.

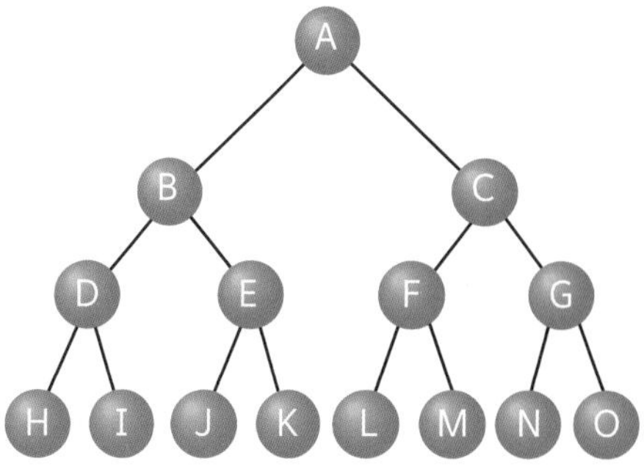

기초 문제 25

※ 오른쪽 포화 이진 트리에서 루트(root)에서 출발해 모든 노드를 탐색한 후, 루트로 돌아오기 위해서는 총 몇 번의 탐색을 해야 하는가? (한 번의 탐색은 한 노드에서 다른 노드로 가는 간선이 길이로 정한다. 간선의 길이는 같다.)

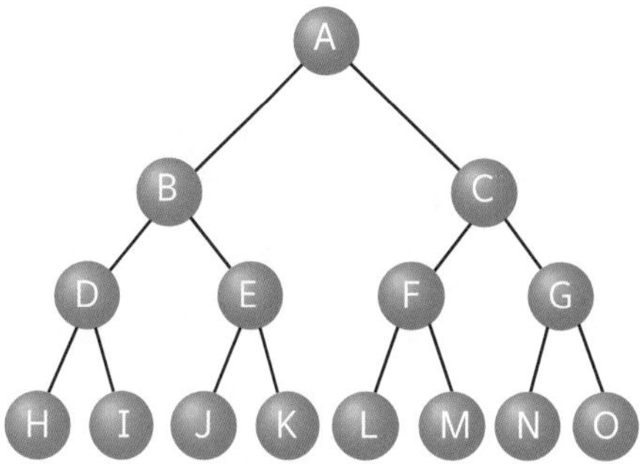

4. 수형도(Tree Diagram)

1 수형도란?

여러 요소의 관계를 나뭇가지 모양의 그림으로 나타낸 것을 수형도라고 합니다.

2 주로 적용하는 예

수형도는 경우의 수를 구할 때 많이 사용합니다.

3 수형도

숫자 카드 123으로 만들 수 있는 세 자리의 수를 수형도로 구해보자.

1 < 2 − 3 → 123
1 < 3 − 2 → 132

2 < 1 − 3 → 213
2 < 3 − 1 → 231

3 < 1 − 2 → 312
3 < 2 − 1 → 321

위와 같이 123, 132, 213, 231, 312, 321, 총 6가지가 있습니다.

7 스택과 큐

1. 스택

1 스택이란?

스택은 모든 원소들의 삽입(insert)과 삭제(delete)가 리스트의 한쪽 끝에서만 수행되는 제한 조건을 가지는 선형 자료구조(linear data structure)를 말합니다.

스택은 나중에 들어간 원소가 제일 먼저 빠져나오므로, LIFO(Last In First Out)라고 하기도 합니다.

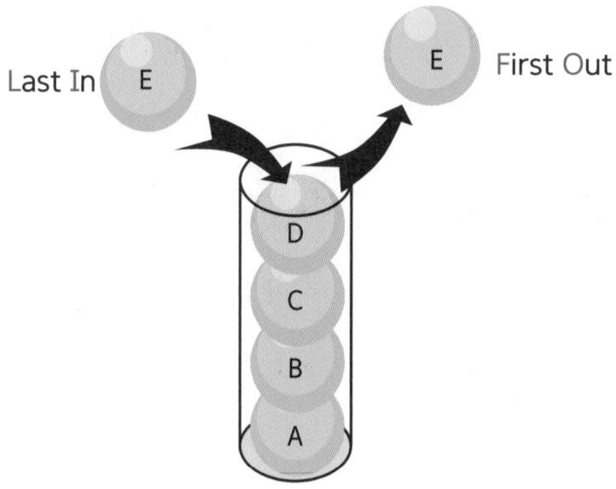

2 스택의 용어

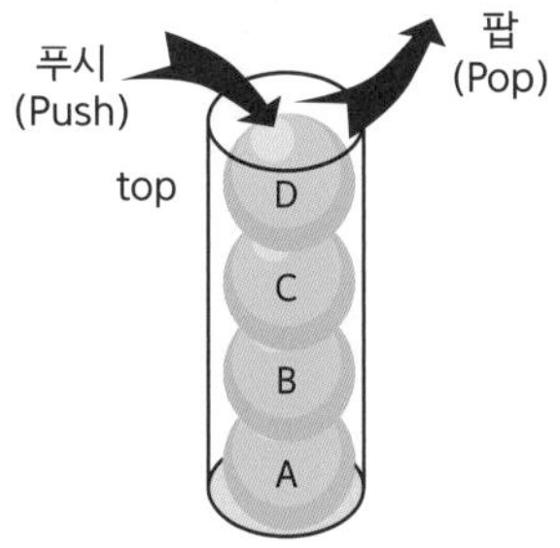

- Push: 자료를 넣는 것
- Pop: 자료를 꺼내는 것
- Top: 자료의 삽입과 삭제가 일어나는 곳

2. 큐

1 큐의 개념

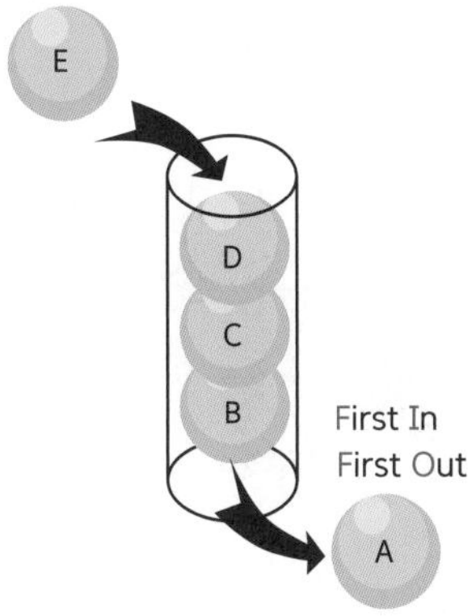

큐는 한쪽 끝으로 자료를 넣고, 반대쪽에서는 자료를 뺄 수 있는 선형구조를 말합니다.

큐는 가장 먼저 들어간 원소가 제일 먼저 빠져나오므로 FIFO(First In First Out)라고 하기도 합니다.

8 선택과 배열

1. 경우의 수

1 경우의 수

어떤 사건이 일어나는 방법이 전부 m가지일 때, 그 사건이 일어나는 '경우의 수'는 m가지라고 합니다.

2 합의 법칙

두 사건 A, B의 경우의 수가 각각 m, n이라고 하자. 두 사건 간에 공통점이 없으면 사건 A, B가 일어나는 경우의 수는 $m+n$.

3 곱의 법칙

두 사건 A, B의 경우의 수가 각각 m, n이라고 하자. 두 사건 A, B가 동시에 일어나는 경우의 수는 $m\times n$입니다.

기초 문제 26

※ 어떤 학생이 컴퓨터를 스스로 조립해서 업그레이드하려고 온라인 판매 사이트를 방문했다. 그래픽 카드와 CPU 종류는 아주 많았다. 마음에 드는 CPU는 3종류, 그래픽 카드는 4종류가 있었다. CPU와 그래픽 카드를 선택할 수 있는 가지 수는?

2. 순열(Permutation)

1 팩토리얼(factorial)

1부터 n까지의 자연수의 곱을 n의 계승 또는 n 팩토리얼이라고 합니다. 표기는 $n!$

$n!=n\times(n-1)\times\cdots 2\times 1$

$5!=5\times 4\times 3\times 2\times 1$

$0!=1,\ 1!=1$

2 순열(Permutation)이란?

서로 다른 n개의 원소 중 r개를 선택하여, 중복되지 않고 순서대로 나열한 것을 말합니다.

예 세 문자 a, b, c 중 2개의 문자를 선택해서, 중복되지 않고 순서대로 나열할 수 있는 경우의 수를 구해보자.

오른쪽 그림처럼 ab, ac, ba, bc, ca, cb, 6가지가 있습니다.

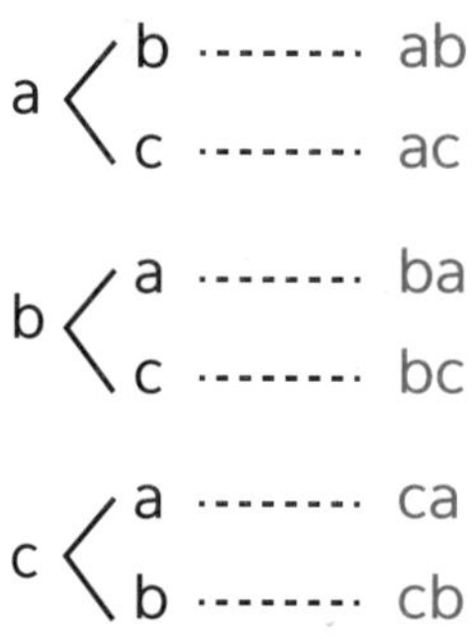

기초 문제 27

※ 1, 2, 3 세 개의 숫자 중 서로 다른 2개의 숫자를 선택하여 2자리 숫자를 만들려고 한다. 만들 수 있는 경우를 모두 나열하시오.

3 중복 순열

중복 순열은 서로 다른 n개의 원소 중 r개를 중복을 허용하여 순서대로 나열한 것을 말합니다.

예 세 문자 a, b, c 중 2개의 문자를 중복을 허용하여 순서대로 나열할 수 있는 경우의 수를 구해보자.

중복을 허용하므로 오른쪽 그림처럼 aa, ab, ac, ba, bb, bc, ca, cb, cc, 총 9가지 경우의 수가 나옵니다.

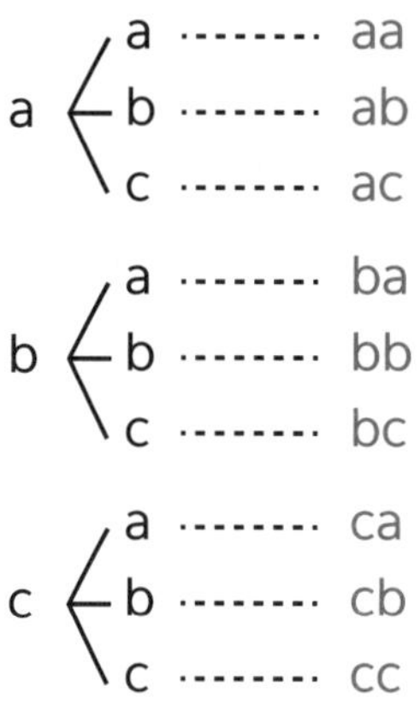

기초 문제 28

※ 1, 2, 3, 4 네 개의 숫자 중 3개의 숫자를 선택하여 3자리 숫자를 만들려고 한다. 중복을 허용하여 만들 수 있는 경우의 수를 모두 나열하시오.

4. 조합(Combination)

조합은 서로 다른 n개의 원소 중 r개를 중복하지 않고 선택하여 순서에 의미를 두지 않고 나열한 것을 말합니다.

예 세 문자 a, b, c 중 2개의 문자를 중복하지 않고 선택하여 순서에 상관없이 나열할 수 있는 경우의 수를 구해보자.

aa, bb, cc는 중복이므로 제외합니다. ab와 bc, ac와 ca, bc와 cb는 같은 조합입니다. 따라서 조합의 경우의 수는 3가지입니다.

(ab, ac, bc)

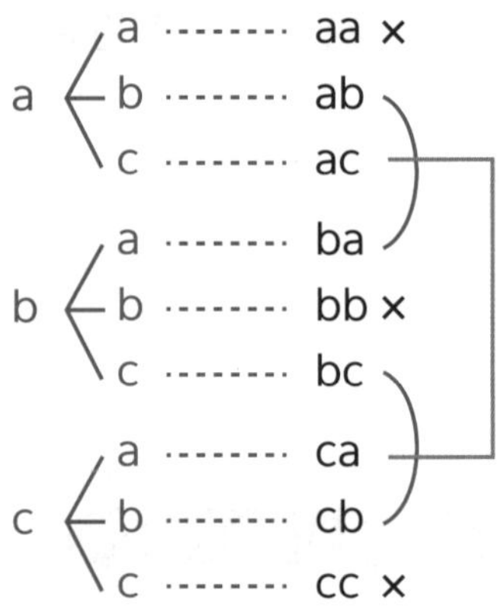

기초 문제 29

※ 1, 2, 3, 4 네 숫자 중 3개의 숫자를 뽑아서 3자리 숫자를 만들려고 한다. 조합할 수 있는 경우의 수는 몇 개인가?

1 중복 조합

서로 다른 n개의 원소 중 중복을 허락하여 r개를 선택해서 순서에 상관없이 나열한 것을 중복 조합이라고 합니다.

예 세 문자 a, b, c 중 2개의 문자를 중복을 허락하여 2개를 선택해 순서에 상관없이 나열할 수 있는 경우의 수를 구해보자.

중복을 허락하므로 aa, bb, cc가 포함되고 ac와 ca, ba와 ab, ca와 ac는 같은 것으로 봅니다. 따라서 중복 조합의 경우의 수는 6가지입니다.

(aa, ab, ac, bb, bc, cc)

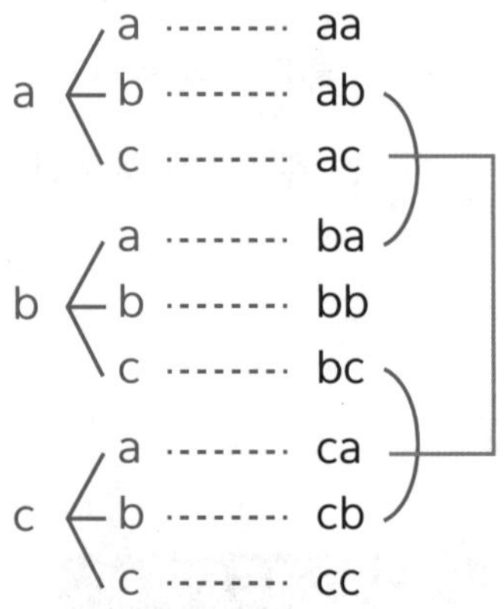

기초 문제 30

※ 1, 2, 3, 4, 5 다섯 개의 숫자 중 중복을 허락하여 3개의 숫자를 뽑아 만들 수 있는 세 자리의 숫자는 몇 개인지 구하시오.

5. 수의 분할

수의 분할이란 어떤 자연수를 몇 개의 자연수의 합으로 나타내는 것입니다.

기초 문제 31

※ 5를 각각 1, 2, 3 이하 자연수의 합으로 나타낼 수 있는 모든 경우를 구하여라.(수를 중복하여 쓸 수 있다.)

정리하기

순열	순서를 생각하고, 중복을 허락하지 않음	**조합**	순서를 생각하지 않고 중복을 허락하지 않음
중복순열	순서를 생각하고, 중복을 허락	**중복조합**	순서를 생각하지 않고 중복을 허락

9 알고리즘과 최단 경로

1. 수와 규칙성

1 수의 일의 자릿수

13의 일의 자릿수는 3입니다.

12^2의 일의 자릿수는 144에서 4입니다. 이때 12의 일의 자릿수인 2를 곱해도 4를 구할 수 있습니다.

169^2의 일의 자리를 구해봅시다. $169 \times 169 = 28561$을 계산해서 1을 구할 수 있는데 다소 시간이 걸립니다. 169의 일의 자리인 9를 제곱하면 81이고, 81의 일의 자리인 1이 주어진 답을 만족합니다.

12의 제곱과 169의 제곱에서 패턴을 발견하면 어떤 수의 제곱을 했을 때 일의 자릿수는, 그 수의 일의 자리를 제곱했을 때의 일의 자리임을 알 수 있습니다.

규칙과 패턴

수와 관련된 여러 가지 규칙성이 있는 문제의 경우 패턴을 발견해 이를 공식화하면 좋습니다.

기초 문제 32

※ 아래 그림과 같이 성냥개비를 사용하여 정삼각형을 만들려고 한다. 다음 물음에 답하여라.

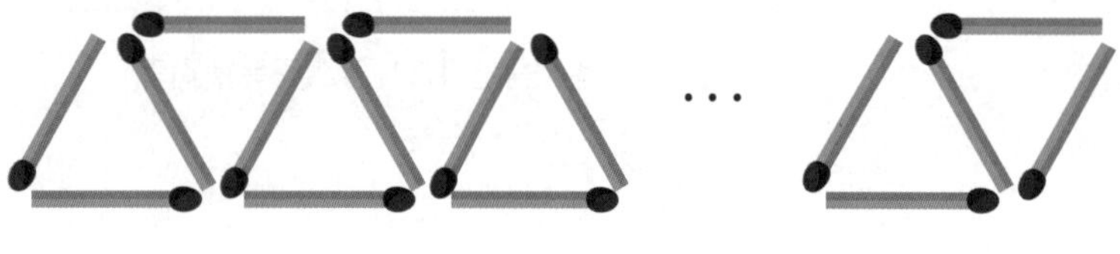

1. 정삼각형 3개를 만드는 데 필요한 성냥개비의 수를 구하여라.

2. 정삼각형 30개를 만드는 데 필요한 성냥개비의 수를 구하여라.

2 수와 알고리즘

[1] 평균과 누적합계

1. **평균:** 평균은 여러 수나 같은 종류의 양의 중간값을 갖는 수를 말합니다. 5개의 수 a, b, c, d, e가 있다고 합시다. 수들을 모두 더한 다음, 수의 개수로 나누면 평균을 구할 수 있습니다.

$$avg = \frac{a+b+c+d+e}{5}$$

2. **자연수의 합계:** 1부터 100까지의 합을 구해 보려고 합니다. 1부터 100까지의 수를 순서대로 쓴 후, 그 밑에 거꾸로 수를 나열해 봅시다.

   1, 2, 3, 4, ⋯, 99, 100

   100, 99, 98, ⋯, 2, 1

처음 수 1과 마지막 수 100을 더하면 101, 두 번째 수 2와 99를 더하면 101, 이렇게 101이 100개 모두 더한 후 2로 나누어 보려고 합니다.

$$\frac{100 \times (1+100)}{2} = 5050$$

이것을 공식으로 나타내면, 자연수에서 처음 수를 a, 마지막 수를 l이라고 하면, a부터 l까지 연속된 자연수의 합은 다음과 같이 나타냅니다.

$$\frac{n(a+l)}{2}$$

기초 문제 33

※ 1부터 100000까지의 합을 구하시오.

2. 수열과 제곱수

1 등차수열

등차수열이란 앞의 항에 일정한 수를 더하여 만들어지는 수열을 말합니다.

예 2, 4, 6, 8, 10, ⋯

2 등차수열 용어

- 항: 각 숫자를 항이라고 합니다.
- 초항: 제일 처음에 있는 숫자를 초항이라고 합니다.
- 공차: 각 항 사이의 값의 차이를 공차라고 합니다.

2, 4, 6, 8, 10, ⋯에서 초항은 2, 공차는 2입니다.

0이 아닌 세 수에 대하여 a_1, a_2, a_3 순으로 등차수열을 이루면 다음이 성립합니다.

$a_2=a_1+d$

$a_2-a_1=a_3-a_2=d$ (d=공차)

$\frac{a_1+a_3}{2}=a_2$ (a_2를 등차중항이라고 함)

3 등비수열

등비수열이란 앞의 항에 일정한 수를 곱하여 만들어지는 수열을 말합니다.

예 1, 2, 4, 8, 16, 32, ⋯

4 등비수열 용어

- 항: 각 숫자를 항이라고 합니다.
- 초항: 제일 처음에 있는 숫자를 초항이라고 합니다.
- 공비: 일정하게 곱해지는 수를 말합니다.

1, 2, 4, 8, 16, 32, ⋯에서 초항은 1, 공비는 2입니다.

0이 아닌 세 수에 대하여 a_1, a_2, a_3 순으로 등비수열을 이루면 다음이 성립합니다.

$a_2=a_1\times r$

$$\frac{a_2}{a_1} = \frac{a_3}{a_2} = r \ (r=\text{공비})$$

$$a_2^{\ 2}=a_1 \times a_3 \ (a_2\text{를 등비중항이라고 한다.})$$

5 피보나치 수열

피보나치 수열의 수식: 피보나치 수열은 다음과 같은 점화식으로 정의됩니다. 점화식이란 수열의 일반항을 이웃하는 항들 사이의 관계식을 이용하여 나타낸 식을 말합니다.

$$f(0)=0, f(1)=1$$

$$f(n)=f(n-1)+f(n-2) \ (n>=2)$$

이를 함수로 표현하면 다음과 같습니다.

```
def fibonacci(n):
if n==0:
  return 0
elif n==1:
   return 1
else:
   return fibonacci(n-1)+fibonacci(n-2)
```

이때, $f(n)$은 n번째 항의 값, $f(n-1)$은 $(n-1)$번째 항의 값, $f(n-2)$는 $(n-2)$번째 항의 값입니다.

피보나치 수열의 처음 몇 개 항은 다음과 같습니다.

$$0, 1, 1, 2, 3, 5, 8, 13, 21, 34, 55, \cdots$$

기초 문제 34

※ 첫 두 수가 1, 2로 시작하는 피보나치 수열의 10번째 수를 구하시오.

6 시그마(Σ)를 통한 합계의 표현

시그마는 수열의 합을 구할 때 사용하는 기호입니다.

$$\sum_{i=1}^{100} a_i = a_1 + a_2 + \cdots + a_{100}$$

$\sum_{i=1}^{100} a_i$는 '시그마 a_i, $i=1$에서 100까지'라고 읽습니다.

7 제곱수

어떤 자연수를 제곱하여 얻어지는 수를 제곱수라고 합니다.

1. 삼각수: 다음 그림과 같이 정삼각형 모양을 이루는 점의 개수를 삼각수라고 합니다.

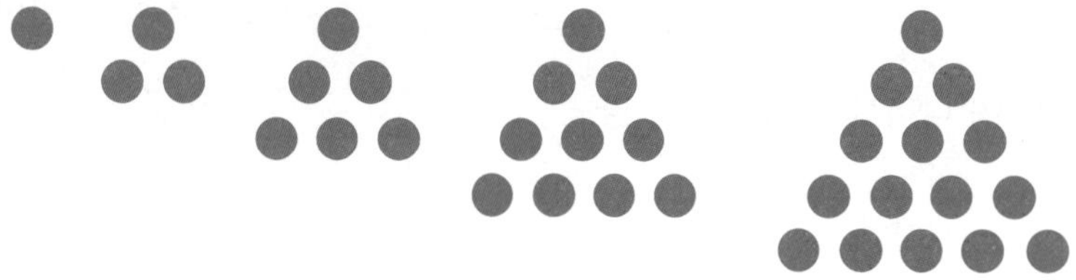

1, 3, 6, 10, 15, …는 삼각수입니다.

2. 사각수: 다음 그림과 같이 차례로 점을 찍어 정사각형 모양의 배열을 만들어나갈 때, 각각의 정사각형을 이루는 점의 개수를 사각수라고 합니다.

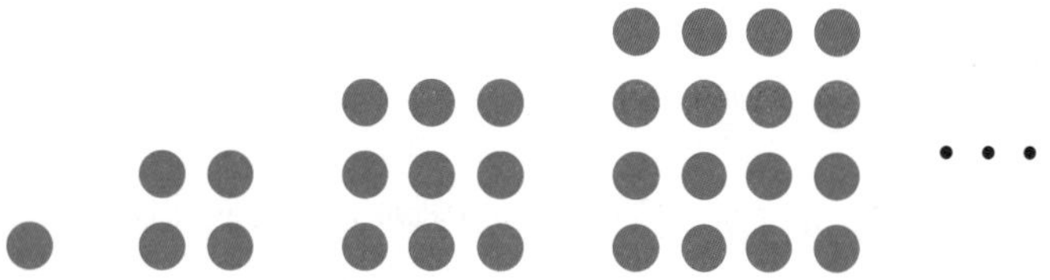

1, 4, 9, 16, 25, …는 사각수입니다.

3. 최단 경로

1 최단 거리의 경우의 수 구하기

1. 최단 거리의 경우의 수: 한 지점에서 다른 지점까지 갈 때 빨리 갈 수 있는 길의 경우의 수
2. 최단 거리의 경우의 수를 구하는 방법: 시작점부터 갈래 길에 이르는 길의 경우의 수를 적어 나갑니다.

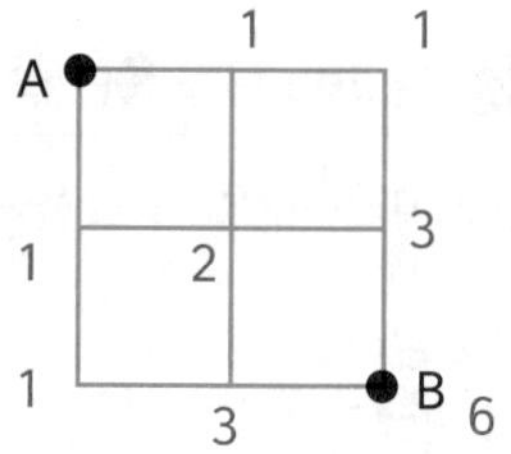

기초 문제 35

※ 오른쪽 직사각형의 길에서 A에서 B로 갈 수 있는 가장 가까운 길은 모두 몇 가지인지 찾으시오.

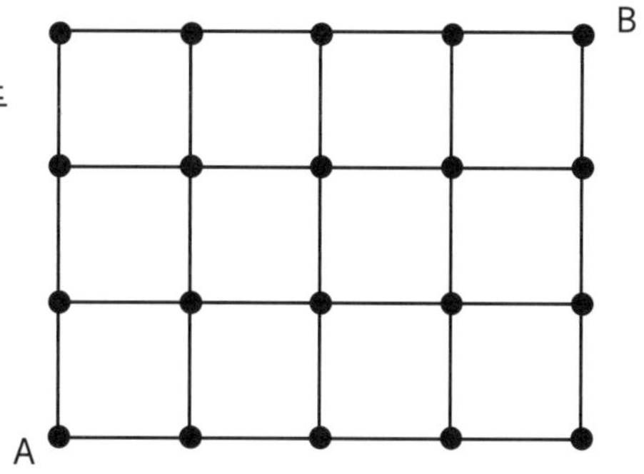

2 경유할 때의 최단 거리의 경우의 수

1. 한 지점(P)을 경유했다 가는 최단 거리 경우의 수

(시작점에서 P 지점까지의 최단 거리 경우의 수)×(P 지점에서 끝점까지의 최단거리 경우의 수)

2. 한 지점(P)을 경유하지 않은 최단 거리 경우의 수

(시작점에서 끝점까지의 최단 거리 경우의 수)−(P 지점을 경유했다 가는 최단 거리 경우의 수)

기초 문제 36

※ 시작점에서 P 지점을 거쳐 끝점까지 가는 최단 거리 경우의 수를 구하시오.

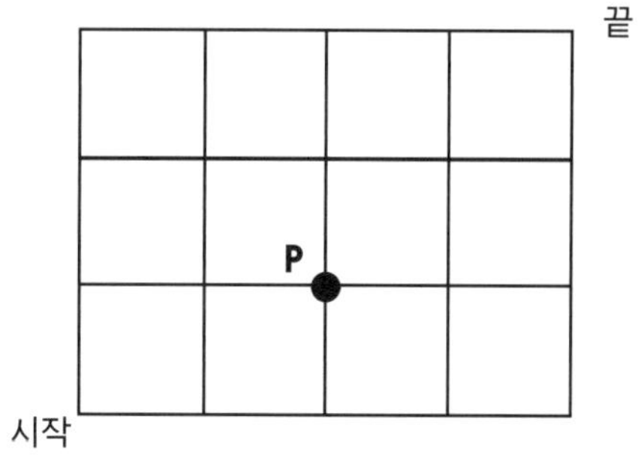

3 같은 것을 포함하는 순열로 최단 거리의 경우의 수 구하기

오른쪽 격자 모양의 도형에서 A에서 B로 가는 최단 거리의 경우의 수를 구해보자. 가로의 길이는 a로, 세로의 길이는 b로 일정합니다.

최단 경로는 aaaabbb 형태로 나타납니다.

최단 거리의 경우의 수는 '같은 것을 포함하는 순열'로 구할 수 있습니다.

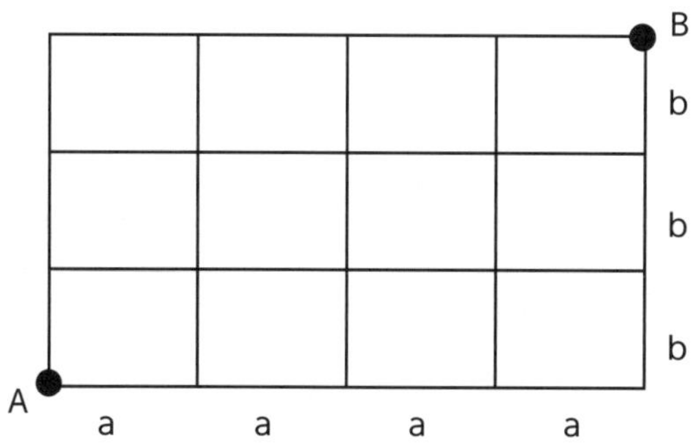

$$\frac{(4+3)!}{4!\times 3!}=\frac{7\times 6\times 5\times 4\times 3\times 2\times 1}{(4\times 3\times 2\times 1)\times(3\times 2\times 1)}=35\text{가지}$$

기초 문제 37

※ 오른쪽 직사각형의 길에서 A에서 B로 갈 수 있는 가장 가까운 길은 모두 몇 가지인지 찾으시오.

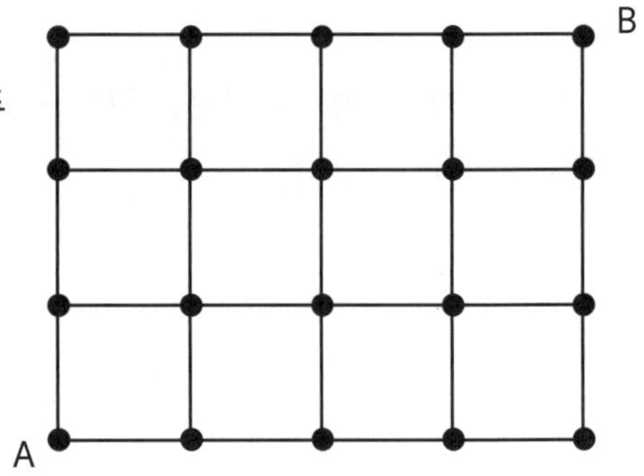

4. 순서도

1 순서도란?

'순서도(Flowchart)'란 문제를 해결하는데 필요한 논리적인 단계를 그림(기호와 도형)으로 나타낸 것입니다. 즉 명령문들의 연관 관계를 시각적으로 표현한 것입니다.

2 순서도 기호

순서도에서 사용하는 주요 기호를 알아봅시다. 순서도는 시작과 끝을 알리는 기호, 입력과 출력을 처리하는 기호, 그리고 기호 들끼리의 연결을 나타내는 흐름선인 화살표 등이 있습니다.

타원은 시작과 끝을 의미하고, 마름모 모양은 조건 기호로 그 조건이 맞는지 확인하는 역할을 합니다.

구분	기호	의미
단말		순서도의 시작과 끝을 표시한다.
준비		기억장소, 초깃값 등을 나타낸다.
입출력		자료의 입출력을 나타낸다.
비교·판단		조건을 비교·판단하여 흐름을 분기한다.
처리		자료의 연산, 이동 등 처리 내용을 나타낸다.
출력		각종 문서 및 서류를 출력한다.
흐름선		처리의 흐름을 나타낸다.
연결자		다음에 처리할 순서가 있는 곳으로 연결한다.

3 순서도를 통한 알고리즘 표현

순차문(sequence): **위에서부터 아래로 순차적으로 실행되는 명령문.**

조건문(selection): 여러 개의 실행 경로 가운데 하나를 선택하는 명령문.

반복문(iteration): 조건이 유지되는 동안 정해진 횟수만큼 처리를 반복하는 명령문.

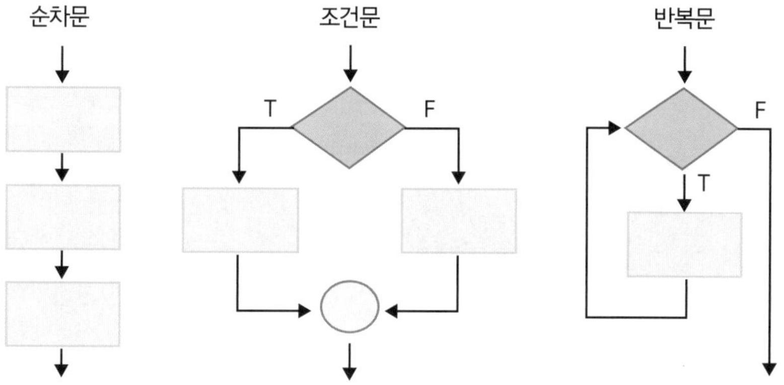

알고리즘은 순차문, 조건문, 반복문 중 하나이며 순차문+조건문, 조건문+반복문, 순차문+조건문+반복문 등으로 서로 다른 구문을 서로 혼합해서 표현할 수 있습니다.

4 1부터 100까지의 누적 합계를 순서도로 표현

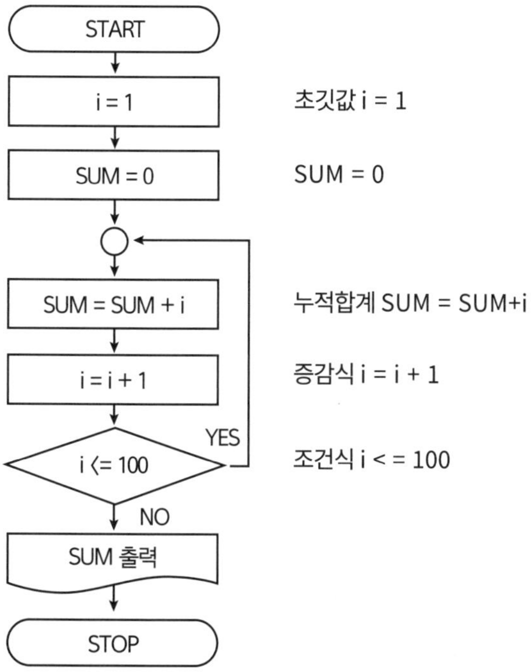

기초 문제 38

※ 1부터 100까지 숫자 중 홀수의 합계를 구하는 알고리즘을 순서도로 나타내시오.

10 확률과 비둘기집의 원리

1. 확률

1 확률의 정의

확률은 어떤 사건이 일어날 가능성을 수로 나타낸 것입니다. 사건 A가 일어날 경우 확률은 다음과 같습니다.

$$\frac{\text{사건 A가 일어날 경우의 수}}{\text{전체 경우의 수}}$$

2 확률의 기본 법칙

1. 어떤 사건 A에 대하여, A가 일어날 확률을 $P(A)$라고 하면 다음이 성립합니다.
   $0 \leq P(A) \leq 1$ (0은 사건이 전혀 일어나지 않은 것이고, 1은 사건이 일어나는 모든 경우의 수)

2. 사건이 일어나는 모든 경우에 해당하는 전 사건 S의 확률은, $P(S)=1$

3. 사건이 전혀 일어나지 않는 공사건 ϕ의 확률은, $P(\phi)=0$

4. 사건 A가 일어날 확률과 사건 A가 일어나지 않을 확률인 A의 여사건 A^c의 관계는,
   $P(A)+P(A^c)=1, \quad P(A)=1-P(A^c)$

기초 문제 39

1. 주사위 2개를 동시에 던져서 나온 수의 합이 4 또는 6이 될 확률을 구하여라.

2. 주사위 2개를 동시에 던져서 나온 수의 합이 4 이상이 될 확률을 구하여라.

2. 비둘기집의 원리

1 비둘기집의 원리(pigeonhole principle)란?

n개의 비둘기집에 $(n+1)$마리 이상의 비둘기가 들어가려고 한다면, 두 마리 이상의 비둘기가 들어간 비둘기 집이 적어도 하나 있습니다.

→ 비둘기의 수보다 비둘기집의 수가 적을 때 비둘기를 어떻게 비둘기집에 넣는가 하는 문제에서 출발

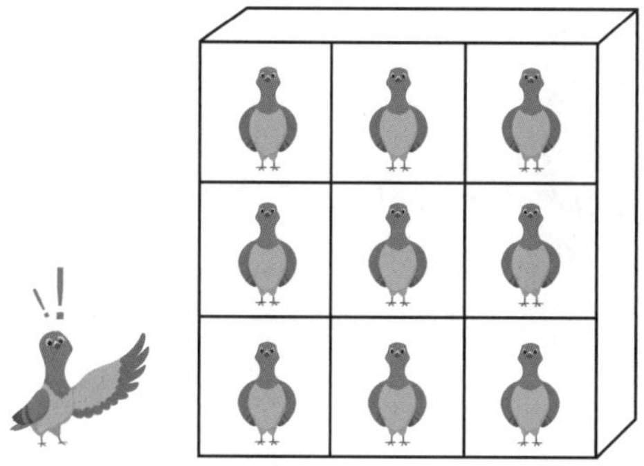

2 비둘기집의 원리 예시

1. 4마리의 비둘기가 3개의 비둘기집에 들어간다고 할 때 적어도 하나의 비둘기집에는 2마리의 비둘기가 들어갑니다.

2. 10마리의 비둘기가 3개의 비둘기집에 들어간다고 할 때, 하나의 비둘기집에는 적어도 4마리의 비둘기가 들어갑니다.

기초 문제 40

1. 주머니 속에 모양과 크기가 같은 7가지 색깔의 구슬이 각각 10개씩 들어 있다. 이 중에서 같은 색의 구슬을 3개 꺼내기 위해서는 최소한 몇 개의 구슬을 꺼내야 할까?

2. 서랍 안에 아빠 양말, 엄마 양말, 동생 양말이 각각 10개씩 있다. 서랍 안을 보지 않고 양말을 꺼낼 때, 같은 사람의 양말이 항상 2개가 나오려면 적어도 몇 개의 양말을 꺼내면 될까?

PART III

이산 수학 문제해결 전략

1. 2019년 정보올림피아드 1차 유형1 이산수학 문제
2. 2020년 정보올림피아드 1차 유형1 이산수학 문제
3. 2021년 정보올림피아드 1차 유형1 이산수학 문제

1 2019년 정보올림피아드 1차 유형1 이산수학 문제

[유형 1] _ 1번 5점

서로 다른 수 a, b, c를 두 수를 비교하는 작업을 반복해서 크기 순서대로 나열하고 싶다. 어떤 경우라도 최소 몇 번만 비교하면 항상 순서대로 나열이 가능한가?

① 2 ② 3 ③ 4 ④ 5 ⑤ 6

문제해결 전략

* a, b, c 순서로 크기가 결정된다고 하면, a:b, b:c, c:a의 크기를 부등식으로 비교해 보자.

풀이

답

[유형 1] _ 2번 6점

다섯 명의 친구가 오랜만에 만났다. 이들은 서로의 안부를 묻고 인사를 하는데, 인사는 일대일로만 할 수 있다. 즉, 한 사람은 한 번에 한 명의 친구와만 인사를 할 수 있다. 둘이 일대일로 서로 인사를 하는데 정확히 1분이 걸린다고 할 때, 모든 쌍이 일대일로 서로 인사를 하기 위해 필요한 최소 시간은 얼마일까?

① 2 ② 3 ③ 4 ④ 5 ⑤ 6

문제해결 전략

＊ 다음과 같이 5명의 관계를 그래프로 나타낸 다음 최소 시간을 따져 본다.

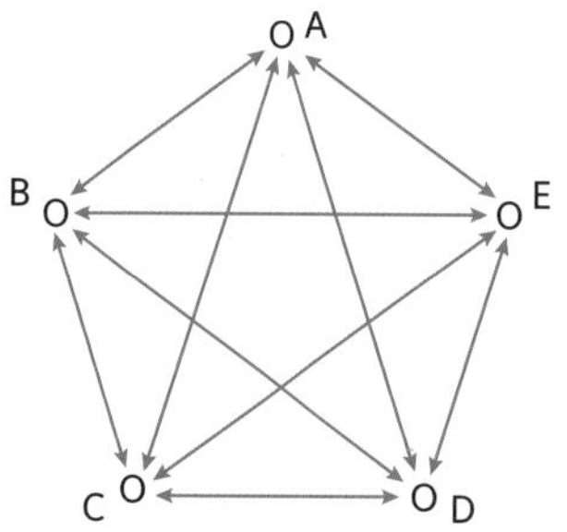

풀이

답

[유형 1] _ 3번 7점

하나의 중심을 기준으로 반지름의 길이가 모두 서로 다른 5개의 원이 그려져 있다. 이 그림을 100명의 학생에게 각각 나눠 준 후 원과 원 사이 (가장 안쪽은 원 전체를 흰색 또는 회색으로 임의로 칠하게 한 후 모두 모았을 때, 만들어질 수 있는 서로 다른 그림의 최대 개수는?
오른쪽 그림은 가장 안쪽에서 첫 번째, 세 번째, 네 번째를 흰색으로 칠하고 두 번째와 다섯 번째를 회색으로 칠한 경우의 예시이다.

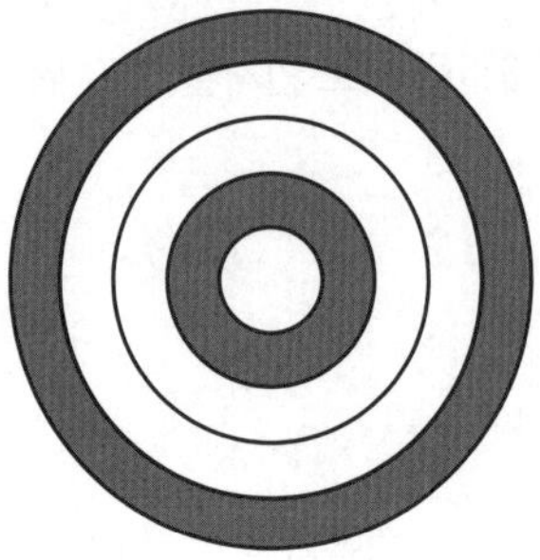

① 1 ② 5 ③ 10 ④ 32 ⑤ 100

문제해결 전략

＊ 오른쪽 예와 같이 2개의 원에 대해 표시할 수 있는 경우의 수는 4가지이다.
이를 이진법으로 나타내면 10, 11, 01, 00으로 표시할 수 있다.
원 5개의 경우로 확장해서 생각해 보자.

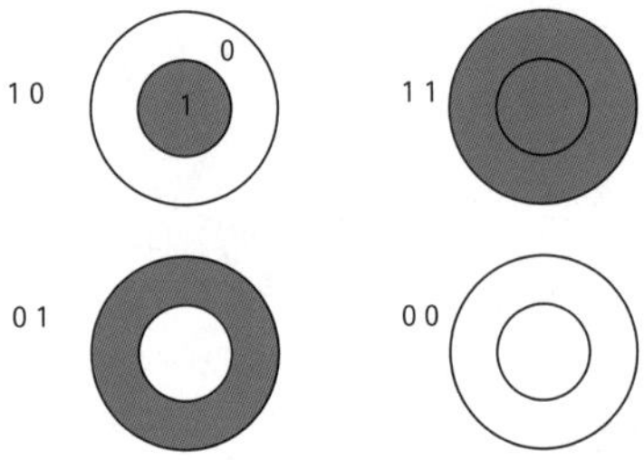

풀이

답

[유형 1] _ 4번 8점

오른쪽의 첫 번째 그림과 같이 생긴 물통에 물이 차 있다. (색칠된 부분이 물이 있는 부분임) × 표시를 한 곳에 구멍이 있어서 그 구멍으로 물이 1초에 한 칸에 든 물만큼 빠져나간다. 그러면 물통에 있는 물이 구멍을 통해 빠져나가게 되고, 총 12초가 걸린다. 오른쪽의 두 번째 그림과 같이 생긴 물통에 있는 물을 더 이상 빠져나가지 않을 때까지 물을 뺀다. 정확히 몇 초 후부터 물이 더 이상 빠지지 않는가?

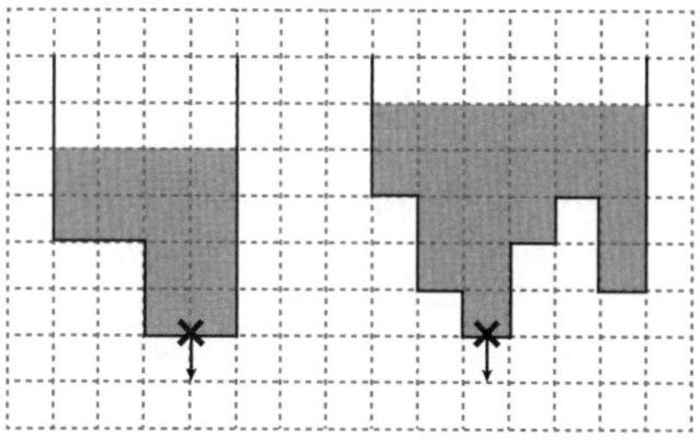

① 16 ② 17 ③ 18 ④ 19 ⑤ 20

문제해결 전략

＊ 물통에서 오른쪽 아래 2칸의 물은 구멍을 통해 빠져나가지 못한다.

풀이

답

[유형 1] _ 5번 4점

369 게임은 참가자들이 돌아가며 자연수를 1부터 순서대로 하나씩 말하는데, 만약 그 수의 각 자릿수 중에 한 번이라도 3, 6, 9 중 하나의 숫자가 사용된다면 말하지 말고 박수를 한 번 쳐야 한다. 게임을 조금 어렵게 만들기 위해서 두 자연수 N, M을 정해서, N부터 M까지 순서대로 말하거나 박수 치도록 한다. N을 201, M을 300으로 정한 경우, 369 게임이 끝날 때까지 친 박수의 횟수는?

① 51　　② 52　　③ 53　　④ 54　　⑤ 55

문제해결 전략

* 오른쪽 그림과 같이 201~299까지를 시각화해서 박수의 횟수를 따져 본다. 300일 때도 횟수에 해당하며, 십의 자리와 일의 자리에서 중복되는 수를 빼야 한다.

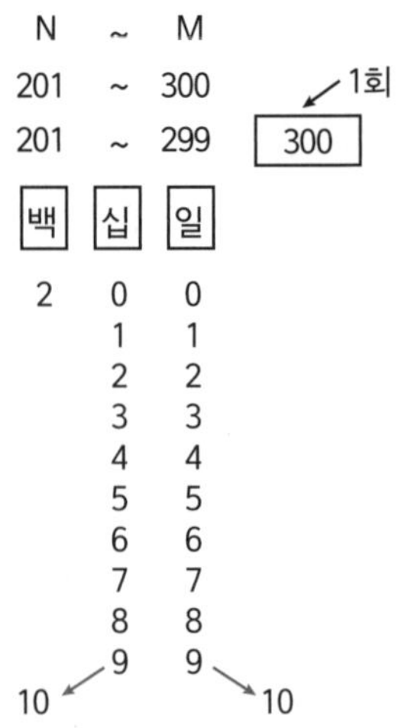

풀이

답

[유형 1] _ 6번 10점

30㎝ 자 위에 개미 5마리가 아래 그림처럼 있다. 개미는 주어진 화살표 방향으로 시간당 1칸의 속력으로 동시에 움직이기 시작한다. 출발 시각을 0이라 하자. 이동 중에 다른 개미를 만나면 즉시 서로 방향을 바꿔 반대 방향으로 움직인다. 이렇게 계속 움직이다가 자의 왼쪽 또는 오른쪽 끝을 벗어나면 바닥에 떨어져서 멈춘다. 자에서 바닥에 떨어지는 시간도 1만큼 걸린다. 가장 처음 바닥에 떨어지는 개미가 멈춘 시각과 가장 마지막에 바닥에 떨어지는 개미가 멈춘 시각의 차이는?

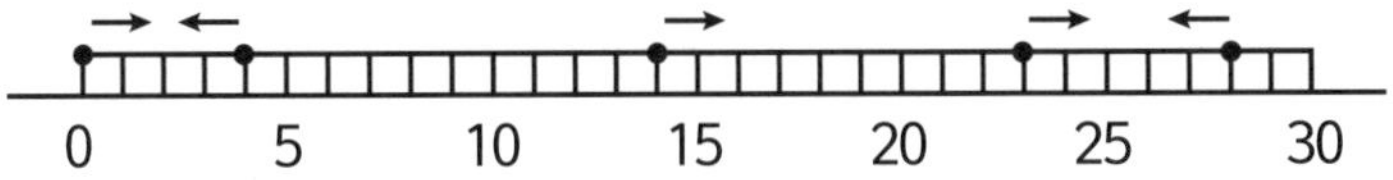

① 10 ② 17 ③ 22 ④ 26 ⑤ 31

문제해결 전략

∗ 개미들을 각각 a, b, c, d, e라고 하자. 처음 개미들의 위치는 0, 4, 14, 23, 28의 자리에 있다. 2시간 지났을 때, a, b 개미는 2의 자리에 c 개미는 16의 자리에 d, e 개미는 25, 26에 있다. 이와 같이 시간이 지남에 따라 개미가 움직인 위치를 표시하면서 문제를 해결해 보도록 하자.

풀이

답

[유형 1] _ 7번 11점

아래 그림과 같은 9×9 격자판의 격자점 위에 8마리의 개미가 있다. 개미는 주어진 화살표 방향으로 동시에 시간당 1칸의 속력으로 움직이기 시작한다. 시작 시각을 0이라 하자. 개미는 격자판의 바깥 경계를 만나거나 다른 개미와 실제로 만나거나 다른 개미가 지나갔던 경로(출발점 포함)와 만나면 즉시 멈춘다. 두 개미가 동시에 만나는 경우엔 두 개미 모두 멈춘다. 모든 개미가 멈추게 되는 최초의 시각은?

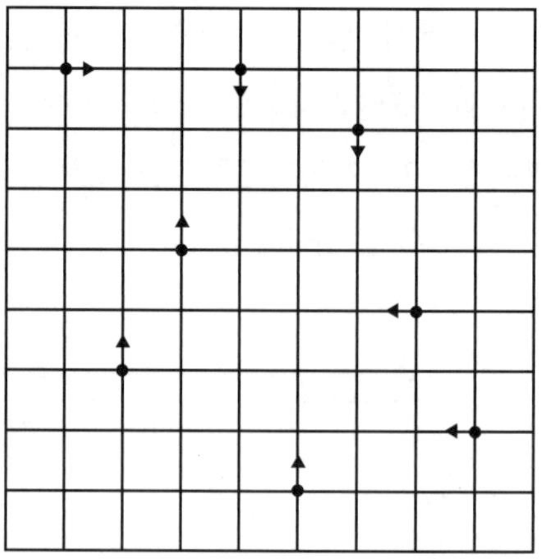

① 4 ② 5 ③ 6 ④ 7 ⑤ 8

문제해결 전략

＊ 멈추는 경우

- 바깥 경계를 만날 경우
- 다른 개미와 만날 경우
- 다른 개미가 지나갔던 경로를 만날 경우
- 두 개미가 동시에 만나는 경우

＊ 오른쪽 그림은 2초가 지났을 때 지나간 경로를 표시한 것이다. → 계속해서 3초 이상 지나간 경로를 표시해서 멈추는 경우를 표시해 본다.

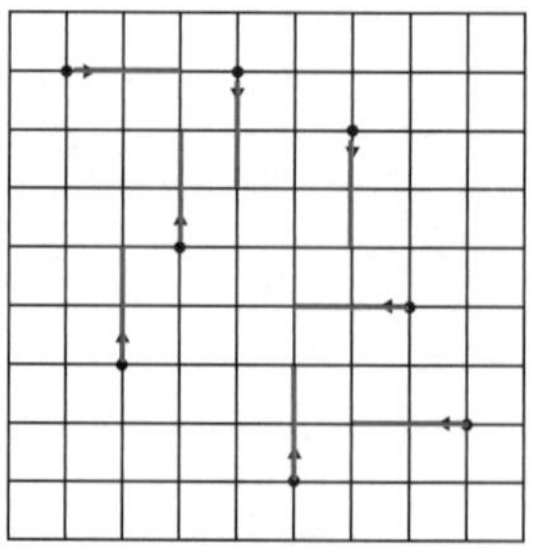

풀이

답

[유형 1] _ 8번 12점

오른쪽부터 거꾸로 읽어도 원래의 것과 같이 읽히는 문자열을 회문이라 부른다. 예를 들어, 'a', 'noon', 'level'은 회문이다. 영문 알파벳 세 개 {a, b, c}로 만들 수 있는 9글자 길이의 회문은 총 몇 가지일까?

① 81 ② 162 ③ 243 ④ 729 ⑤ 1458

문제해결 전략

* 9글자 길이의 회문의 예는 다음과 같고, 가운데 a를 기준으로 거꾸로 읽어도 같은 글자가 된다.

  abbcacbba

* 9글자 길이의 회문을 만드는 경우는 앞 5글자를 중복을 허용하여 나열하는 순열의 수와 같다.

풀이

답

[유형 1] _ 9번 13점

0 이상의 정수 K에 대해 '빼기 연산'은 아래와 같이 정의된다.

빼기 연산: K를 10진수로 표기했을 때 가장 높은 자릿수를 K로부터 뺀 수를 출력

예를 들어, $K=13$이라면, K에 빼기 연산을 한 번 적용하면 $13-1=12$가 된다. $K=13$에 빼기 연산을 반복 적용할 경우,

$13-1=12, 12-1=11, 11-1=10, 10-1=9, 9-9=0$

결국 0이 되며 이는 어떤 0 이상의 정수라도 마찬가지이다. 13의 경우 5번의 빼기 연산 만에 0이 되는 것을 알 수 있다. 그렇다면 40은 최소 몇 번의 빼기 연산을 해야 0이 될까?

문제해결 전략

* 다음과 같이 주어진 규칙에 따라 빼기 연산을 해서 0이 될 때까지의 횟수를 구한다.
① $40-4=36$ ② $36-3=33$ …

풀이

답

[유형 1] _ 10번 14점

어린 토끼 한 쌍을 집으로 데려왔다. 마법의 벨을 한 번 울리면, 어린 토끼 쌍은 어른 토끼 쌍이 되고, 각 어른 토끼 쌍은 어린 토끼 쌍을 낳는다.

어떤 토끼도 영원히 죽지 않는다고 하면, 토끼 쌍이 50 이상이 되려면 최소 몇 번의 벨을 울려야 할까?

문제해결 전략

＊ 문제를 시각화해 나타내보자.

- 어린 토끼 쌍은 색칠한 동그라미와 세모로 나타낸다.
- 벨이 한 번 울리면 흰색 동그라미와 세모 한 쌍(어른 토끼 쌍), 색칠한 동그라미와 세모 한 쌍(어린 토끼쌍)으로 변한다.

＊ 피보나치 수열을 생각해 본다.

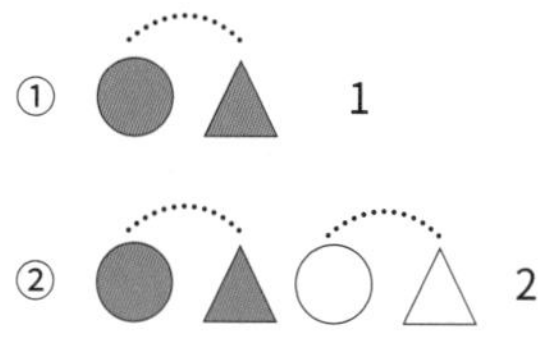

풀이

답

[유형 1] _ 11번 15점

같은 크기의 정삼각형의 변과 변을 붙여 볼록다각형을 만들 수 있다. 하나 또는 그 이상의 정삼각형을 붙여 속이 꽉 찬 볼록다각형을 만들 때, 만들 수 없는 볼록다각형은 몇 각형인가?

① 3 ② 4 ③ 5 ④ 6 ⑤ 7

문제해결 전략

* 삼각형 형태의 예 → 삼각형을 만든 후, 각의 크기를 따져 보면 한 변의 중점에서 만나는 각의 크기는 60×3=180도로 주어진 조건을 만족한다.
* 사각형, 오각형, 육각형, 칠각형 형태를 만들어 본 후, 각의 크기를 따져 보아 만들 수 없는 경우를 따져 본다.

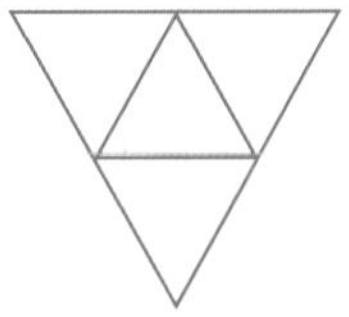

풀이

답

[유형 1] _ 12번 16점

자연수를 아래처럼 빈칸 없이 왼쪽부터 오른쪽 방향으로 차례대로 1부터 나열한다고 가정하자. 가장 왼쪽 자리가 첫 번째 자리라면, 백만 번째 자리에 오는 숫자는 0부터 9까지 중 무엇인가?

1234567891011121314151617181920212223242526 ⋯

문제해결 전략

＊ 다음과 같이 개수를 따져 본다.

1~9: $1 \times 9 = 9$개　　10~99: $2 \times 90 = 180$개

100~999　　1000~9999　　10000~99999　　100000~999999

풀이

답

2019년도 정보올림피아드 1차 유형1 채점표

번호	점수	득점 여부
1번	5점	
2번	6점	
3번	7점	
4번	8점	
5번	4점	
6번	10점	
7번	11점	
8번	12점	
9번	13점	
10번	14점	
11번	15점	
12번	16점	
총점	121점	

90점 이상: 정보올림피아드 은상, 금상 수상 점수

80점 이상: 정보올림피아드, 정보영재원 입상 안정권

70점 이상: 정보올림피아드, 정보영재원 입상 커트라인

2 2020년 정보올림피아드 1차 유형1 이산수학 문제

[초등부 유형 1 – 사고력] _ 1번 9점 객관식

3^4을 5로 나눈 나머지는 1이다. ($3^4 = 3\times3\times3\times3$과 같이 4개의 3을 모두 곱한 수를 말한다.) 그렇다면, 2020개의 3을 곱한 수인 3^{2020}을 5로 나눈 나머지는 얼마인가?

① 0 ② 1 ③ 2 ④ 3 ⑤ 4

문제해결 전략

* 거듭제곱의 크기가 큰 경우는 앞부분의 수를 나누면서 나머지의 패턴을 발견해 본다.

$3^1\div5\rightarrow3$(나머지) $3^2\div5\rightarrow4$(나머지) $3^3\div5\rightarrow2$(나머지) $3^4\div5\rightarrow1$(나머지)

이후, 2020을 패턴의 마디를 통해 나누는 형식으로 구한다.

풀이

답

[초등부 유형 1 – 사고력] _ 2번 9점 객관식

A, B, C, D, E의 다섯 명이 있다. (이들 중 두 명은 서로 아는 경우도 있고 서로 모르는 경우도 있다. 한쪽만 아는 경우는 없다.)
A부터 E까지 각각 아는 사람을 알파벳 순서로 나열한 것을 하나의 목록이라고 하자.
예를 들어, (A: B, C), (B: A, C), (C: A, B), (D: E), (E: D)가 하나의 목록이 되고, 이 경우 아는 사람의 수는 A는 2명, B는 2명, C는 2명, D는 1명, E는 1명이다.
만약 아는 사람의 수가 A는 4명, B는 3명, C는 2명, D는 1명, E는 1명인 경우, 이를 만족하는 서로 다른 목록의 개수는?

① 4　　② 3　　③ 2　　④ 1　　⑤ 0

문제해결 전략

* 아는 사람의 목록을 정리하면 다음과 같다.

A: (B, C, D, E) → 4명　　B: (A, C, D) (A, C, E) (A, D, E)

B가 3명을 아는 경우는 위의 3가지 경우가 있으므로 이를 바탕으로 C, D, E가 아는 경우를 따져 본다.

풀이

답

[초등부 유형 1 - 사고력] _ 3번 9점 객관식

A와 B가 가위바위보 게임을 한다. 5판 3선승제(다섯 판 중 세 판을 먼저 이기는 사람이 최종 승리)로 게임을 하는데 현재 A가 1승 0패인 상황이다. 비기는 경우는 없을 때, A가 최종 승리하는 경우는 몇 가지인가?

① 2 ② 3 ③ 4 ④ 6 ⑤ 10

문제해결 전략

＊ 5판 3승제에서 이기는 경우는 차례대로 AAA, AABA 등이 있다.

풀이

답

[초등부 유형 1 – 사고력] _ 4번 9점 ··· 객관식

무빙워크는 발판의 속도와 손잡이의 속도가 동일해야 탑승자가 편하게 이동할 수 있다. 발판의 회전축 반지름이 r, 손잡이의 회전축 반지름이 R일 때, 1초 동안 발판 회전축이 한 바퀴 돈다. 이때 손잡이 회전축은 $\frac{R}{r}$초 동안 한 바퀴 돌아야 한다. r이 2이고 R이 7일 때, 손잡이 회전축이 여섯 바퀴 도는데 걸리는 시간은 몇 초인가?

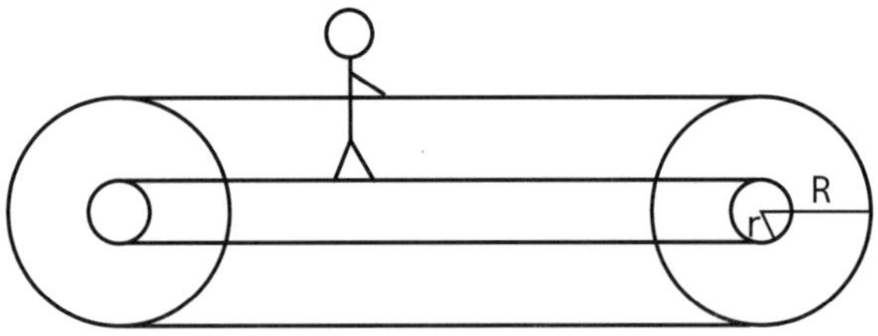

① 1초 ② $\frac{7}{2}$초 ③ 7초 ④ 21초 ⑤ 42초

문제해결 전략

* 오른쪽 그림과 같이 r, R의 값이 주어질 때 $\frac{R}{r}$이 6바퀴 도는 데 걸리는 시간을 구한다.

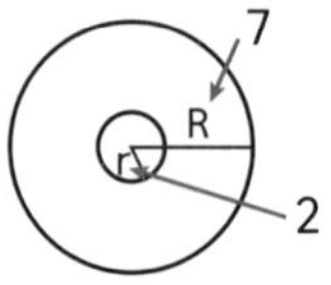

풀이

답

[초등부 유형 1 - 사고력] _ 5번 10점 객관식

지뢰 찾기 게임은 지뢰가 없는 칸을 모두 지우는 것으로, 칸 안의 수는 변 또는 꼭짓점이 맞닿는 주변 여덟 칸에 있는 지뢰의 개수를 의미한다 오른쪽 그림은 25칸 중 11칸을 지운 상태를 나타낸다. 왼쪽 아래 2가 의미하는 것은 주변 다섯 칸 중 이미 지운 칸(5가 적힌 칸)을 제외한 나머지 네 칸 중 두 칸에 지뢰가 있다는 것이다.

남은 14칸 중 가 ~ 마로 표시한 칸들 중 지뢰가 있어서 절대로 지우면 안 되는 칸은?

0	0	1	가	1
나	3	3		1
			다	0
2	5		3	
	라			마

① 가　　② 나　　③ 다　　④ 라　　⑤ 마

문제해결 전략

＊ 정사각형 내의 숫자는 이를 둘러싼 지뢰의 숫자를 의미한다. → 지뢰의 개수를 하나씩 표기하면서 지뢰가 반드시 있어야 하는 자리를 찾아본다.

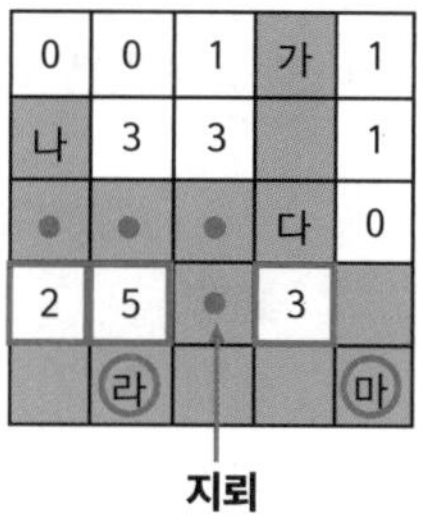

풀이

답

[초등부 유형 1 - 사고력] _ 6번 10점 ···· 객관식

세 개의 상자가 있고 각 상자에 다음과 같은 문장이 쓰여 있다고 한다. 세 문장 중 단 하나만이 사실이라고 한다. 또, 세 상자 중 단 하나에 금화가 들어있다고 한다. 금화는 어느 상자에 있을 수 있는가?

1번 상자: 금화는 이 상자에 있다.

2번 상자: 금화는 이 상자에 없다.

3번 상자: 금화는 1번 상자에 없다.

① 1번 ② 2번 ③ 3번 ④ 모두 가능 ⑤ 모두 불가능

문제해결 전략

* 각 문장에 대해 아래와 같이 분류한 다음 따져 본다.

	1번 상자	2번 상자	3번 상자
1문장			
2문장		있다	
3문장	있다		

	1번 상자	2번 상자	3번 상자
1문장		있다	있다
2문장			
3문장	있다		

	1번 상자	2번 상자	3번 상자
1문장		있다	있다
2문장		있다	
3문장		있다	있다

풀이

답

[초등부 유형 1 - 사고력] _ 7번 10점 ··· 객관식

12명의 여행객이 이동하고 있다. 다음번 목적지까지는 20㎞가 남았다. 여행객들이 지친 상황에 다행히 자동차가 하나 나타나 다음 목적지까지 태워주기로 하였다. 그런데, 자동차에는 여행객이 최대 4명까지 탈 수 있다.

자동차는 시속 20㎞로 이동하며, 사람은 시속 4㎞로 이동할 수 있다. 모든 여행객이 목적지에 동시에 도착하여야 한다고 하면 가장 빨리 도착할 수 있는 시점은 지금부터 몇 시간 몇 분 후인가? 자동차를 타는 데 걸리는 시간이나 방향을 바꾸는데 걸리는 시간은 무시한다.

① 2시간 0분　② 2시간 5분　③ 2시간 8분

④ 2시간 30분　⑤ 2시간 36분

문제해결 전략

＊ 주어진 조건에서 시간에 따른 자동차와 사람의 이동 거리를 오른쪽 표와 같이 놓고 계산한다.

＊ 자동차가 움직일 때 사람도 동시에 이동하는 것으로 계산한다.

시간	자동차	사람
60분	20km	4km
48분	16km	3.2km
36분	12km	2.4km
24분	8km	1.6km
12분	4km	0.8km

풀이

답

[초등부 유형 1 – 사고력] _ 8번 10점 ··· 객관식

컵 A에는 빨간 공이 n개 들어있고, 컵 B에 파란 공이 n개 들어있다. 컵 A에서 빨간 공 k개를 컵 B로 옮겼다. 컵 B의 공들을 잘 섞은 다음 임의의 k개를 꺼내서 컵 A로 옮겼다. 이때, 컵 A에 있는 파란 공의 개수 x와 컵 B에 있는 빨간 공의 개수 y의 관계에 대한 다음 설명 중 항상 옳은 것은?

① $x>y$

② $x<y$

③ $x>y$인 경우도 반드시 있고, $x<y$인 경우도 반드시 있다.

④ $x=y$

⑤ $x>y$인 경우, $x<y$인 경우, xy인 경우가 모두 반드시 있다.

문제해결 전략

* 그림과 같이 $n=4$, $k=2$로 놓고 실제로 주어진 조건에 따라 공을 옮기면서 공의 개수를 따져 본다.

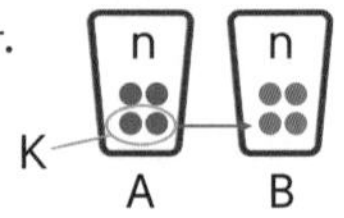

풀이

답

[초등부 유형 1 – 사고력] _ 9번 11점 ···· 객관식

KOI 나라에는 5원, 7원, 11원 세 가지 종류의 동전이 있다. 이 동전을 이용해서 거스름돈을 주려고 하는데, 이 동전들만으로 정확한 금액을 낼 수 없다면, 이보다 큰 금액이면서 동전을 이용해서 낼 수 있는 가장 적은 금액을 낸다.

예를 들어 6원을 내려고 하면 7원, 9원을 내려고 하면 11원을 내는 식이다. 그렇다면, 주려고 하는 거스름돈이 얼마 이상이면 이 동전들만을 이용해서 넘치지 않고 정확한 금액을 낼 수 있을까? 동전은 종류별로 무한히 많이 가지고 있다.

① 13 ② 14 ③ 15 ④ 16 ⑤ 17

문제해결 전략

* 11원까지 만드는 경우는 오른쪽 그림과 같다. 5원, 7원, 10원을 만들 수 있다.

* 12원 이상도 동전의 조합을 통해 만들어 본다.

❺
❻ x
❼
❽ x
❾ x
❿ ⟶ ❺ x 2
⓫

풀이

답

[초등부 유형 1 - 사고력] _ 10번 11점 …객관식

영문 알파벳 세 개 {a, b, c}로 길이 10인 문자열을 만들려고 한다. 문자열에 세 글자가 모두 등장할 필요는 없다. 단, b 바로 다음에는 a가 올 수 없고, c 바로 다음에는 a, b가 올 수 없다. 이 문자열을 사전 순서대로 나열했을 때, 22번째 문자열은 무엇인가?

① aaaaabbccc ② aaaaabcccc ③ aaaaaccccc

④ aaaabbbbbb ⑤ aaaabbbbbc

문제해결 전략

＊ 길이 10인 문자열에 대해 그림과 같이 문자를 나열해 보면서 따져 본다.
첫 번째 문자열은 aaaaa aaaaa
두 번째 문자열은 aaaaa aaaab이다.

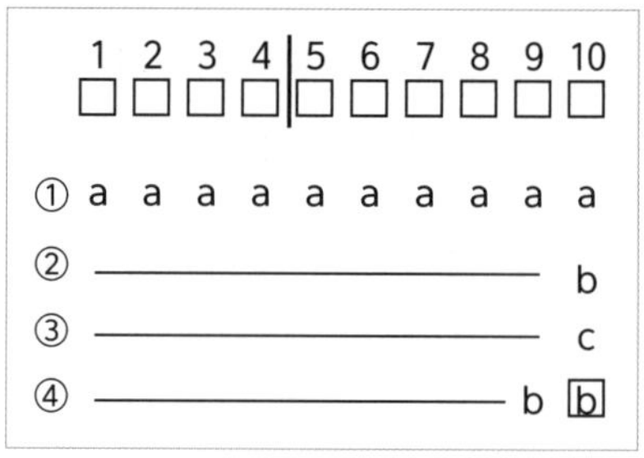

풀이

답

[초등부 유형 1 - 사고력] _ 11번 11점 ···· 객관식

영어 알파벳 각 글자를 차례대로 1부터 시작하는 수에 대응시키자. 즉, A를 1, B를 2, ··· Z를 26에 대응시키자. 이제 영어 알파벳을 해당하는 수로 바꾼 문자열이 주어지면, 이를 다시 영어 알파벳으로 이루어진 문자열로 복원하려고 한다.
'123'은 'ABC'일 수도 있지만, 1A, 23=W이므로 'AW'일 수도 있고, 12=L이므로 'LC'일 수도 있어서 총 3가지 문자열에 대응한다. '1234123'에 대응하는 영어 알파벳으로 이루어진 문자열은 총 몇 가지이겠는가?

① 6 ② 9 ③ 15 ④ 24 ⑤ 39

문제해결 전략

* 4를 중심으로 앞뒤로 123을 만드는 경우는 [1 2 3] 4 [1 2 3] 각 3가지씩이다.
  (3가지, 3가지)
* 곱의 법칙으로 총 가짓수를 계산해 낸다.

풀이

답

[초등부 유형 1 - 사고력] _ 12번 11점 객관식

$A.B$ 두 사람이 다음과 같은 게임을 한다. 두 사람은 테이블 하나에 서로 마주 보고 앉아 있다. 테이블 위에는 두 돌무더기가 있고, 한 무더기에는 n개, 또 한 무더기에는 m개의 돌이 있다. n과 m은 서로 다른 양의 정수이다. A부터 시작해서 돌아가면서 게임을 진행하는데, 두 돌무더기 중 하나를 고르고 가져가고 싶은 개수만큼의 돌을 가져간다. 단, 돌을 최소한 한 개는 가져가야 한다. 돌을 가져간 다음, 테이블에 돌이 남아 있지 않다면, 이 사람이 이긴다.

예를 들면, $n=2$, $m=1$일 때 A가 2개 있는 돌무더기에서 2개 모두, B가 1개 남은 돌무더기에서 1개 모두를 가져가면 B가 이긴다. A, B 모두 항상 자신이 이기기 위해서 최선을 다한다. 이때 게임의 결과는 어떻게 될까?

① 항상 A 승리

② 항상 B 승리

③ n이 짝수이면 B가 승리

④ m이 홀수이면 B가 승리

⑤ n, m 값 에 따라 A가 승리할 수도 B가 승리할 수도 있다.

문제해결 전략

* 님 게임: 주어진 문제는 님 게임으로, 항상 승리하려면 돌무더기의 개수를 같게 맞추어 나가는 형태로 돌을 가져가면 이기게 된다.

풀이

답

2020년도 정보올림피아드 1차 유형1 채점표

번호	점수	득점 여부
1번	9점	
2번	9점	
3번	9점	
4번	9점	
5번	10점	
6번	10점	
7번	10점	
8번	10점	
9번	11점	
10번	11점	
11번	11점	
12번	11점	
총점	121점	

90점 이상: 정보올림피아드 은상, 금상 수상 점수

80점 이상: 정보올림피아드, 정보영재원 입상 안정권

70점 이상: 정보올림피아드, 정보영재원 입상 커트라인

3 2021년 정보올림피아드 1차 유형1 이산수학 문제

[초등부 유형 1 - 사칙연산 프로그램] _ 1번 8점

두 개의 자연수 a와 b를 입력받아 두 가지 결과를 출력하는 프로그램이 있다. 첫 번째 결과는 입력받은 두 자연수에 덧셈과 뺄셈 연산 중 한 가지를 적용한 결과이다. 즉, 첫 번째 결과는 $a+b$ 또는 $a-b$의 값 중 하나이다. 두 번째 결과는 곱셈, 나눗셈, 나머지 연산 중 한 가지를 적용한 결과이다. 즉, 두 번째 결과는 $a\times b$, $a\div b$, 또는 a mod b(C/C++/Python/Java의 표현으로는 a%b)의 값 중 하나이다.

$a=4$와 $b=2$를 입력으로 받았을 때 나올 수 있는 이 프로그램의 출력은 모두 몇 가지인가?

① 2 ② 4 ③ 5 ④ 6 ⑤ 8

문제해결 전략

* 곱의 법칙을 이용해 가능한 경우의 수를 구한다.
* 두 사건 A, B의 경우의 수가 각각 m, n이라고 하자. 두 사건 A, B가 동시에 일어나는 경우의 수는 $m\times n$이다.

풀이

답

[초등부 유형 1 – 쿠키 나눠주기] _ 2번 8점

퀴즈 대회의 수상자에게 나눠줄 쿠키를 준비하려 한다. 1등부터 10등까지 열 명의 수상자가 있고, 각 수상자는 자신보다 등수가 낮은 수상자보다 더 많은 개수의 쿠키를 받기를 원한다. 쿠키는 한 개 단위로 나눠줘야 하며, 하나의 쿠키를 여러 개로 쪼갤 수 없다.

10등 수상자에게 2개의 쿠키를 나눠주려면 최소 몇 개의 쿠키를 준비해야 하는가?

① 20　② 21　③ 55　④ 65　⑤ 110

문제해결 전략

＊ 10등이 2개이면 9등은 3개, 8등은 4개, …, 1등은 11개를 나눠주어야 한다. → 이 개수를 모두 더해 본다.

풀이

답

[초등부 유형 1 - 다른 모자 쓰기] _ 3번 8점

N 명의 사람이 있다. 이 사람들은 모두 서로 다른 모자를 쓰고 있는데, 이 모자를 벗어서 모아두었다가 다시 모자를 쓴다. 모자를 쓰는 방법의 수는 총 $N!=N\times(N-1)\times\cdots\times1$ 가지이다. 이 중, 어떤 사람도 자신이 처음 썼던 모자를 다시 쓰지 않는 방법의 수는 $N=2$이면 1가지, $N=3$이면 2가지이다. $N=4$이면 몇 가지가 있는가?

① 7　　② 8　　③ 9　　④ 10　　⑤ 11

문제해결 전략

* 모자를 쓰는 방법의 수는 4!이다.
* $N=2$, $N=3$인 경우 모자를 쓰는 방법은 오른쪽 그림과 같이 구한다.
* $N=4$일 경우 수형도를 이용해 계산해 본다.

N = 2

① ②
2 1 → ①

N = 3

① ② ③
2 − 3 − 1 → ①
3 − 1 − 2 → ②

풀이

답

[초등부 유형 1 - 네 자릿수] _ 4번 8점

주어진 네 자릿수를 9배 하였더니 주어진 수에서 각 자리의 숫자가 거꾸로 바뀐 네 자리의 수(원래 천의 자릿수가 일의 자리로, 백의 자릿수가 십의 자리로…)가 되었다고 한다. 주어진 네 자리의 숫자를 구하시오.

문제해결 전략

* 주어진 네 자릿수를 $xyzw$라고 하자. $9\times xyzw=wzyx$로 놓고 풀기 시작한다.
* $xyzw$는 4자리 수이므로 $1000x+100y+10z+w$라고 할 수 있다.

풀이

답

[초등부 유형 1 – 울타리] _ 5번 9점

오른쪽 그림은 숲의 나무를 위에서 내려다본 모습을 간략하게 나타낸 것으로 각 점이 나무를 나타낸다. 모든 나무는 점선의 교점에 존재하며, 점선의 간격은 1이고, 나무의 굵기는 무시한다.

직사각형 모양의 울타리로 나무를 감싼다면, 둘레의 길이가 4인 경우 그림의 파란색처럼 최대 세 그루를 감쌀 수 있다. 점선을 따라 울타리를 설치했을 때, 둘레의 길이가 12인 직사각형 모양의 울타리로 감쌀 수 있는 나무는 최대 몇 그루인가?

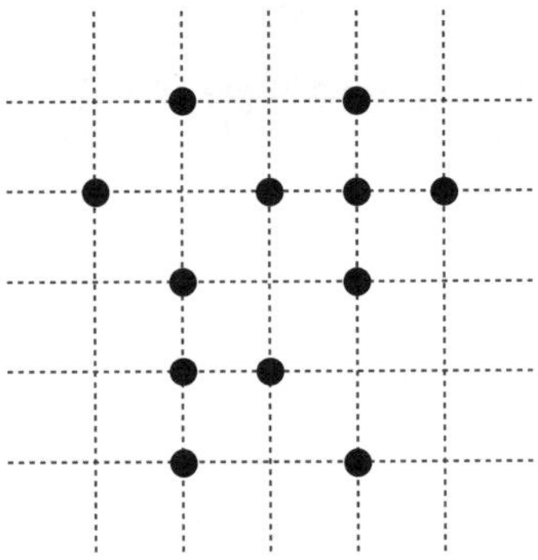

① 8 ② 9 ③ 10 ④ 11 ⑤ 12

문제해결 전략

＊ 그림과 같이 둘레를 한 경우가 길이 12이다. 이 대나무의 개수는 6개다. → 나무가 더 많이 들어가도록 직사각형 모양의 둘레로 울타리를 쳐본다.

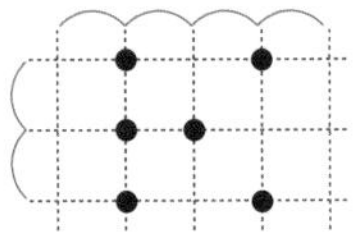

풀이

답

[초등부 유형 1 – 한붓그리기] _ 6번 9점

다음 중 연필을 종이에서 떼지 않고 그릴 수 없는 그림은? 단, 한번 그린 선을 중복해서 그릴 수는 없다.

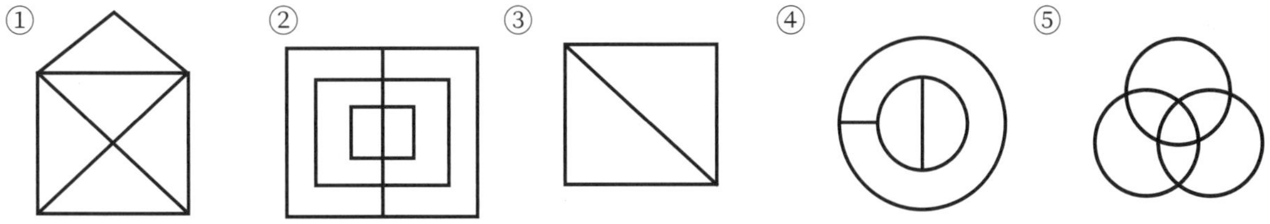

문제해결 전략

＊ 한붓그리기가 가능한 그림은 모두 짝수 점이거나 홀수 점 2개만 있는 경우이다.

풀이

답

[초등부 유형 1 - 물통] _ 7번 9점

3L들이 물통 하나, 7L들이 물통 하나가 있다. 두 물통은 눈금이 없다.

물통을 가지고 할 수 있는 일은 다음과 같다. 물의 가격은 없다고 가정하자. 즉 물을 받고 비우는 것에 제약은 없다.

- 수도에서 물을 받아서 물통을 물로 가득 채운다.
- 물통에 든 물을 모두 비운다.
- 한 물통에 있는 물을 다른 물통으로 옮긴다. 이때, 원래 물통이 텅 비거나 다른 물통이 가득 찰 때까지 물을 옮겨야 한다.

이때 두 물통을 이용하여 만들 수 없는 물의 양은? 두 물통 중 하나에 해당하는 양이 남아 있으면 된다.

① 2L ② 4L ③ 5L ④ 6L ⑤ 1L, 2L, 3L, 4L, 5L, 6L, 7L 모두 만들 수 있다.

문제해결 전략

* 3L, 7L의 크기를 만든다. 7L 통에서 3L 통으로 물을 옮기면 7L에는 4L가 남는다.

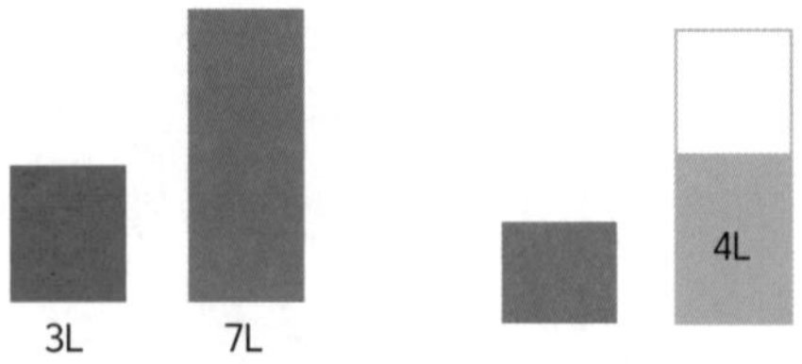

→ 같은 형식으로 만들 수 있는 물의 양을 구해본다.

풀이

답

[초등부 유형 1 - 발표 순서] _ 8번 9점

조별 발표를 위해 A부터 F까지 6개 조에 대한 발표 순서를 정하려고 한다. 모든 가능한 발표 순서를 알파벳 순서로 나열해 보면 ABCDEF부터 FEDCBA까지 720가지가 있는데, 그중 CBADEF는 몇 번째인가?

① 241 ② 253 ③ 265 ④ 385 ⑤ 409

문제해결 전략

* 6개를 나열해 만들 수 있는 경우의 수는 6! = 720가지다.
* 나열의 순서: 1→ABCDEF 2→ABCDFE … 720→FEDCBA → CBADEF는 몇 번째?
* 여섯 자릿수에 대해 수형도를 통해 구한다.

풀이

답

[초등부 유형 1 - 2의 100제곱] _ 9번 10점

2^{100}(2의 100제곱, 2×2×2×⋯×2와 같이 2를 100번 곱한 수)을 10진법으로 표현했을 때, 이 수의 10의 자릿수는?

① 8 ② 7 ③ 6 ④ 5 ⑤ 4

문제해결 전략

＊ 다음과 같이 10의 자리까지만 계산해 나간다.

$2^{100} = (2^{10})^{10} = 1024^{10}$

$24^{10} = (24^2)^5$

풀이

답

[초등부 유형 1 - 과일 박스 찾기] _ 10번 10점

6개의 과일 박스가 있고, 각 박스에는 한 종류의 과일만 들어있다.

박스에 들어있는 6종류의 과일은 사과, 키위, 딸기, 참외, 포도, 자두이다. 각 박스엔 아래 그림에서 보인 것처럼 과일의 이름이 적혀있다.

사과	키위	딸기	참외	포도	자두

그런데 작업자의 실수로 박스에 적힌 과일 이름이 한 군데만 정확하고 나머진 실제로 들어있는 과일과 다르다.

참고로, 박스만 보아서는 실제로 그 박스에 어떤 과일이 들어있는지를 알 수 없다. 박스를 열면 박스 안에 어떤 과일이 들어있는지 알 수 있다. 이름이 정확하게 적힌 박스를 알기 위해 최악의 경우 열어야 하는 박스의 최소 개수는 몇 개인가?

① 2　　② 3　　③ 4　　④ 5　　⑤ 6

문제해결 전략

* 다음과 같이 사과를 제외하고 각 박스에 다른 과일이 있다고 생각하고 박스를 열어보는 횟수를 세어본다.

사과	키위	딸기	참외	포도	자두
사과	딸기	포도	자두	참외	키위

풀이

답

[초등부 유형 1 – 직소 퍼즐] _ 11번 10점

직소 퍼즐의 각 조각은 변마다 홈이 있거나 튀어나온 부분을 갖는다. (단, 완성된 퍼즐의 테두리를 구성하는 조각은 고려하지 않는다.) 모든 홈은 동일한 형태이고, 모든 튀어나온 부분도 동일한 형태로 가정한다.
각 조각이 육각형 모양인 경우 서로 다른 형태의 조각은 최대 몇 가지인가? 단, 조각을 회전하여 겹치는 경우는 같은 형태이나, 조각을 뒤집을 수는 없다. 아래 그림에서 서로 다른 형태의 조각은 세 가지이다.

① 7 ② 14 ③ 28 ④ 32 ⑤ 64

문제해결 전략

＊ 조각에서 튀어나온 부분에 따라 그림과 같이 분류해본 후 구해본다.

풀이

답

[초등부 유형 1 - 사각형 세기] _ 12번 10점

오른쪽 그림에서 발견할 수 있는 사각형은 모두 몇 개인가?

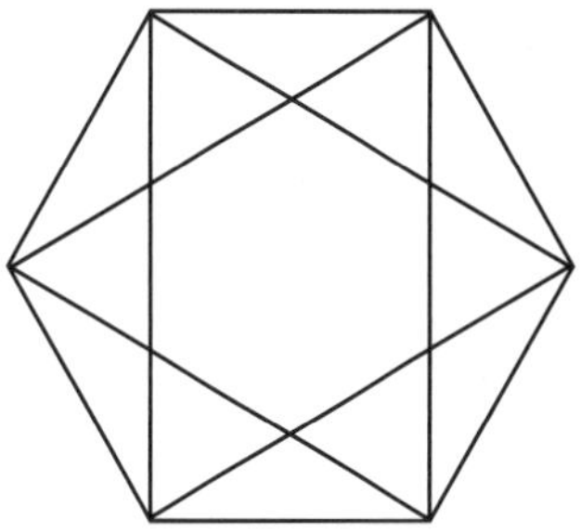

① 3 ② 24 ③ 27 ④ 30 ⑤ 42

문제해결 전략

* 그림과 같은 사각형 형태를 생각해 볼 수 있으며 각각의 경우에 해당하는 사각형의 수를 세어본다.

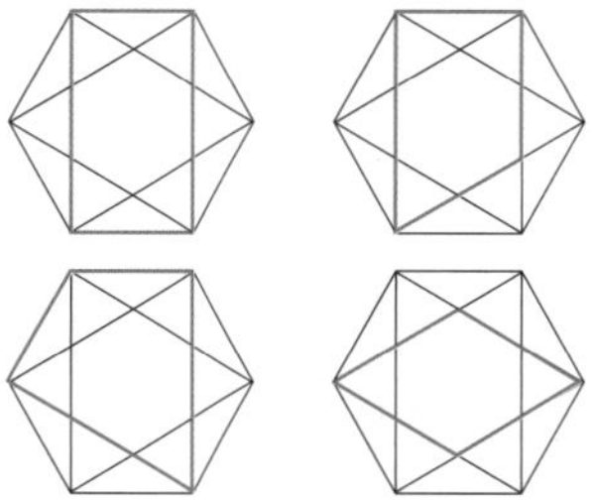

풀이

답

2021년도 정보올림피아드 1차 유형1 채점표

번호	점수	득점 여부
1번	8점	
2번	8점	
3번	8점	
4번	8점	
5번	9점	
6번	9점	
7번	9점	
8번	9점	
9번	10점	
10번	10점	
11번	10점	
12번	10점	
총점	108점	

90점 이상: 정보올림피아드 은상, 금상 수상 점수

80점 이상: 정보올림피아드, 정보영재원 입상 안정권

70점 이상: 정보올림피아드, 정보영재원 입상 커트라인

IT 영재를 위한

이산 수학(초등)

PART IV

이산 수학 4개년 기출문제

1 2014년 정보올림피아드 1차 유형1 이산수학 기출문제

1. (7+77+777+7777+77777)÷7의 값은?

① 12341 ② 12342 ③ 12343 ④ 12344 ⑤ 12345

2. 오른쪽 그림처럼 세 자리 자연수 ABC와 DEF를 더해서 1000이 되었다. 여기서, A, B, C, D, E, F는 모두 0이 아니다. 그러면 A+B+C+D+E+F는 얼마인가?

		A	B	C
+		D	E	F
	1	0	0	0

① 28 ② 29 ③ 30 ④ 31 ⑤ 32

3. 변이 가로와 세로인 가장 작은 정사각형들은 모두 변의 길이가 1이다. 색칠된 영역의 면적은 얼마인가?

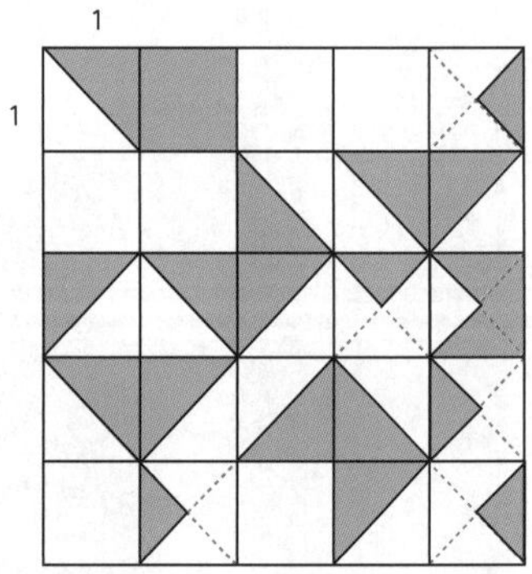

① 7 ② 7.5 ③ 8.5 ④ 9 ⑤ 9.25

4. 사과 a개와 바나나 b개가 들어있는 자루가 있다. 이 자루에 사과 3개를 추가로 넣었더니, 자루에 들어있는 사과의 개수가 정확히 자루에 들어있는 전체 과일 개수의 $\frac{2}{3}$가 되었다. 그렇다면 $a>b$를 만족하는 가장 작은 a 값은?

① 1　　② 3　　③ 5　　④ 7　　⑤ 8

5. 아래 그림처럼 직선 도로에 집이 A, B, C, D, E, F, G 일곱 채가 있다. 이웃한 두 집 사이의 거리는 두 집 사이에 숫자로 표시되어 있다. 반상회를 하기 위해 한 집에 모이고 싶다. 이왕이면, 각 집에서 반상회가 열리는 집까지의 거리의 합이 가장 작았으면 한다. 어느 집에서 모여야 할까?

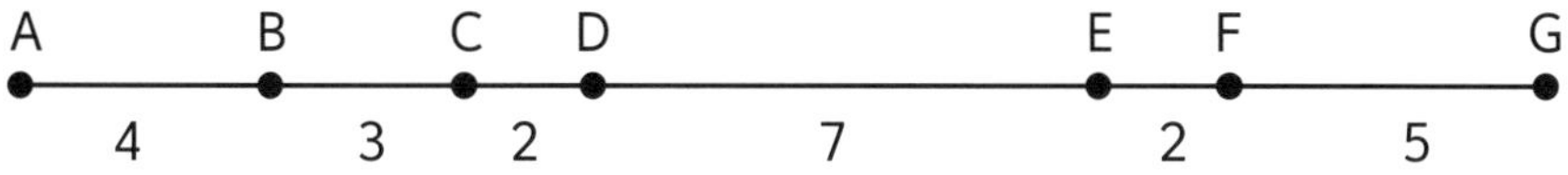

① B　　② C　　③ D　　④ E　　⑤ F

6. 두 자연수 a와 b에 대하여 a^b은 a를 b번 곱해서 얻은 수이다. 예를 들어, 4^3은 $4\times4\times4$와 같다.
$1+2^2+3^3+4^4+5^5+6^6+7^7+8^8+9^9+10^{10}$의 마지막 자리의 숫자(1의 자릿수)는 얼마인가?

① 1　　② 3　　③ 5　　④ 7　　⑤ 9

7. 동전이 10개씩 들어있는 자루가 10개 있다. 이 중에 9개의 자루에는 모두 정상인 동전이 들어있고, 나머지 하나의 자루에 들어있는 동전은 모두 가짜이다. 정상인 동전 하나의 무게는 10g이고, 가짜 동전 하나의 무게는 9g이다. 무게를 그램(g) 단위로 잴 수 있는 저울을 최대 k번 이용하여 항상 가짜 동전이 들어있는 자루를 찾을 수 있어야 한다. 가능한 가장 작은 k는 얼마인가?

① 1　② 2　③ 3　④ 5　⑤ 7

8. $x^2+y^2<n$을 만족하는 정수 쌍 (x, y)는 $n=2$인 경우 $(0, 0)$, $(0, 1)$ $(1, 0)$, $(-1, 0)$, $(0, -1)$로 모두 5개이다. $n=30$이면 $x^2+y^2<n$을 만족하는 정수 쌍 (x, y)는 모두 몇 개인가?

① 91　② 95　③ 97　④ 99　⑤ 101

9. 세 개의 알람시계 A, B, C가 있다. A는 10초 동안 울리고 30초 동안 멈추고, B는 15초 동안 울리고 45초 동안 멈추고, C는 20초 동안 울리고 60초 동안 멈추는 과정을 각각 반복한다. 오후 6시 정각에 A, B, C가 동시에 울리기 시작했다. 그날 오후 6시 59분 59초까지 세 개의 알람이 동시에 울리는 시간(초)의 합은 얼마인가?

① 100　② 120　③ 140　④ 150　⑤ 240

10. 다음은 하나의 직사각형을 9개의 작은 직사각형들로 나눈 도형이다. 이 도형에서 빗금 친 직사각형 안에 있는 숫자는 이 직사각형의 면적을 나타낸다. 전체 직사각형의 면적은 얼마인가?

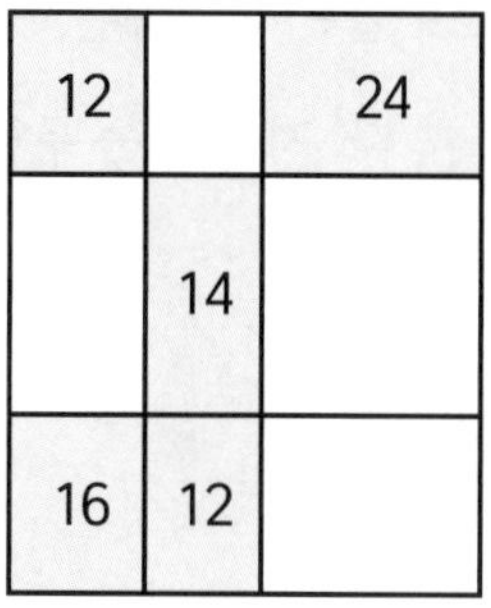

① 185 ② 188 ③ 190 ④ 192 ⑤ 175

11. 6개의 수들이 4, 6, 2, 1, 3, 5의 순서로 나열되어 있다. 이 수들에 대하여, 임의의 두 수의 교환을 반복 수행하여, 작은 수부터 큰 순서대로 다시 나열하고자 한다. 교환하는 두 수는 인접하지 않아도 된다. 두 수의 교환 횟수의 최솟값은 얼마인가?

① 3 ② 4 ③ 5 ④ 6 ⑤ 7

12. 축구 라이벌인 한국 축구팀과 일본 축구팀은 두 팀끼리만 몇 번의 시합을 했다. 비긴 시합은 없었다. 시합마다 이긴 팀은 A 그램의 메달을 받고 진 팀은 B 그램의 메달을 받는다. 항상 A>B이며, 둘 다 자연수이다. 한국이 받은 메달의 총 무게는 42그램이고, 일본이 받은 메달의 총 무게는 35그램이었다. 아는 사실 중 하나는, 일본은 정확히 2번의 시합만 이겼다는 것이다. 그렇다면 A+B의 값은 얼마인가?

① 7 ② 5 ③ 9 ④ 11 ⑤ 6

13. 칠판에 연속된 여섯 개의 자연수가 적혀있다. 이 중에 하나의 수를 지우고 나머지를 더했더니, 2014였다. 지운 수는 무엇인가?

① 393 ② 395 ③ 397 ④ 399 ⑤ 401

14. 두 변수 a와 b에 대해, 오로지 $a=a+b$ 연산과 $b=b+a$ 연산만 사용할 수 있다. 두 변수 a, b의 초기 정숫값 두 개와 하나의 정수 K가 주어지면, 두 연산을 원하는 횟수만큼 적용하여 두 변수 중 하나에 정수 K가 저장되도록 만들 수 있는 경우와 만들 수 없는 경우가 있다. 만약 $a=7$이고 $b=5$인 경우, 만들 수 없는 K 값은 무엇인가?

① 26 ② 32 ③ 33 ④ 35 ⑤ 37

15. 다음 도형에서 작은 사각형은 모두 가로길이와 세로길이가 1인 정사각형이다. 이 도형의 한 점 A에서 출발하여 선분을 따라 움직이면서, 도형의 모든 선분을 지나 A로 다시 돌아오고자 한다. 같은 선분을 두 번 이상 지나도 된다. 지나는 거리의 최솟값은 얼마인가?

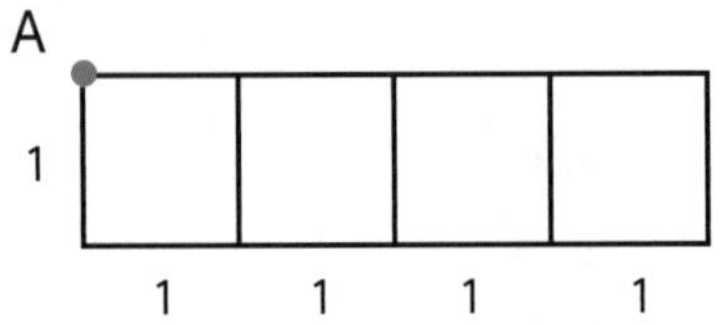

① 13 ② 14 ③ 15 ④ 16 ⑤ 17

2014년도 정보올림피아드 기출문제 채점표

번호	점수	득점 여부
1번	4점	
2번	4점	
3번	4점	
4번	4점	
5번	6점	
6번	6점	
7번	6점	
8번	6점	
9번	7점	
10번	7점	
11번	7점	
12번	8점	
13번	8점	
14번	9점	
15번	10점	
총점	100점	

90점 이상: 정보올림피아드 은상, 금상 수상 점수

80점 이상: 정보올림피아드, 정보영재원 입상 안정권

70점 이상: 정보올림피아드, 정보영재원 입상 커트라인

2 2015년 정보올림피아드 1차 유형1 이산수학 기출문제

1. 3원짜리 동전 5개와 7원짜리 동전 5개가 있다. 다음 중에서 이 동전들을 사용하여 지불할 수 없는 금액은?

① 16원　② 17원　③ 18원　④ 19원　⑤ 20원

2. 40명의 학생에게 두 문제를 내어 풀게 했더니 1번 문제를 푼 학생은 정확히 25명이었으며, 두 문제를 모두 푼 학생은 정확히 10명이었다. 2번 문제를 푼 학생의 수의 최솟값과 최댓값은 각각 얼마인가?

① 0, 10　② 5, 25　③ 10, 25　④ 20, 25　⑤ 25, 40

3. 빨간 공 a개와 파란 공 b개가 들어있는 자루가 있다. 이 자루에서 빨간 공 5개를 빼내었더니, 자루에 들어있는 빨간 공의 개수가 정확히 자루에 들어있는 전체 공의 개수가 $\frac{3}{5}$이 되었다. a와 b는 모두 1 이상이라고 할 때, 가능한 a의 최솟값은?

① 5　② 8　③ 11　④ 14　⑤ 20

4. 1부터 5까지 숫자를 단 한 번씩만 써서 만든 다섯 자릿수들을 가장 작은 수부터 커지는 순서로 나열했을 때, 50번째에 오는 수는?

① 31245 ② 31254 ③ 32145 ④ 32154 ⑤ 32415

5. 1부터 999까지의 자연수 중에서 101 또는 522와 같이 같은 숫자를 2개 이상 포함하는 자연수는 모두 몇 개인가?

① 259 ② 260 ③ 261 ④ 262 ⑤ 263

6. 칠판에 연속된 일곱 개의 자연수가 적혀있다. 이 중에 하나의 수를 지우고 나머지를 더했더니, 2015였다. 지운 수는 무엇인가?

① 331 ② 334 ③ 337 ④ 340 ⑤ 343

7. 어느 우물 안에는 개구리가 한 마리 살고 있다. 이 개구리는 우물의 바닥에서부터 벽을 타고 기어올라 우물 밖으로 나오려고 한다. 개구리는 낮 동안 우물 벽을 타고 3m를 기어오를 수 있지만, 밤에는 잠을 자며 그동안 2m를 미끄러진다고 한다. 우물의 깊이가 정확히 19.4m라면 오늘 낮부터 시작하여 이 개구리가 우물 밖을 나오기까지 최소 몇 밤을 우물 안에서 잠들어야 할까?

① 17 ② 18 ③ 19 ④ 20 ⑤ 21

8. 어떤 프로그램은 임의의 자연수에 대해서 그 결과가 1이 나올 때까지, 아래의 연산을 반복한다.

그 자연수가 짝수라면 2로 나눈다. 홀수라면 3을 곱하고 1을 더한다.

예를 들어, 자연수 5에서 시작했다면, $5 \rightarrow 16 \rightarrow 8 \rightarrow 4 \rightarrow 2 \rightarrow 1$의 순서로 값이 변하며 마지막에 1에 도달하게 된다. 이때 실행한 연산의 횟수는 5회이다. 그렇다면 682는 위의 연산을 몇 회 실행했을 때 1에 도달하게 될까?

① 7 ② 10 ③ 12 ④ 13 ⑤ 1에 도달하지 못함

9. 키가 모두 다른 8명의 사람들 A, B, C, D, E, F, G, H가 어떤 순서대로 한 줄로 서 있다. 각자가 자신보다 앞에 서 있는 사람들 중 키가 작은 사람들의 수 x와, 자신보다 뒤에 서 있는 사람들 중 키가 작은 사람들 수 y를 세어 순서쌍 (x, y)로 표시하였더니 다음과 같았다.

A:(1, 1), B:(6, 1), C:(0, 3), D:(0, 0), E:(0, 4), F:(5, 0), G:(1, 0), H:(3, 3)

앞에서 4번째 사람은 누구인가?

① A ② B ③ C ④ E ⑤ H

10. 아래처럼 네 자리 자연수 ABCD에 D를 곱했더니 네 자리 자연수 DCBA가 되었다. A, B, C, D는 모두 0 이상 9 이하의 서로 다른 숫자이다. D는 몇일까?

$$\begin{array}{r} A\ B\ C\ D \\ \times \qquad\quad D \\ \hline D\ C\ B\ A \end{array}$$

① 2 ② 3 ③ 4 ④ 7 ⑤ 9

11. 오른쪽 그림은 둘레가 수평 혹은 수직인 선분으로 이루어진 어떤 도형에서 몇 개의 변의 길이를 표시한 것이다. 이 도형의 둘레의 길이는 얼마인가?

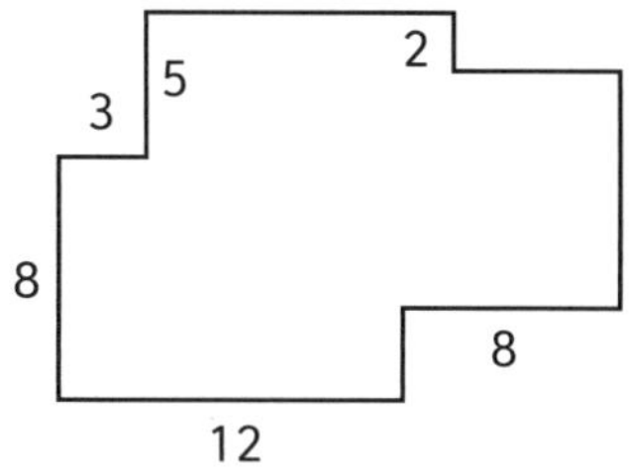

① 60 ② 62 ③ 64 ④ 66 ⑤ 68

12. 오른쪽 도형은 한붓그리기가 불가능하다. 즉, 종이에서 연필을 떼지 않고 모든 선분을 한 번씩만 지나도록 그리는 것은 불가능한 도형이다. 만약 같은 선분을 두 번 이상 지나는 것을 허용하여 연필을 종이에서 떼지 않고 한 번에 그린다면 두 번 이상 그려야 하는 선분의 최소 개수는 몇 개일까?

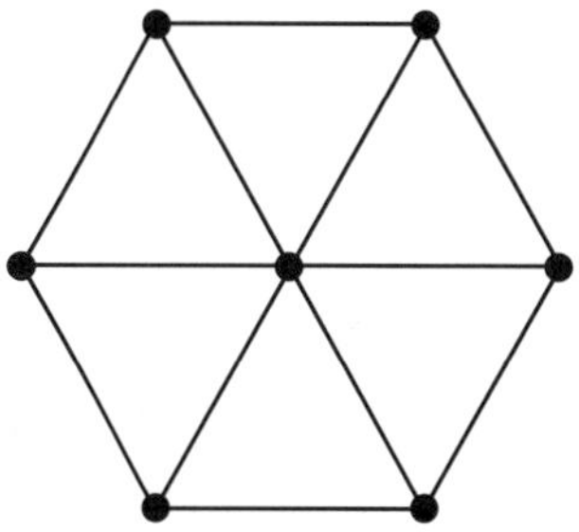

① 1 ② 2 ③ 3 ④ 4 ⑤ 5

13. 오른쪽은 여덟 종류의 작업을 수행하기 위해서 작업 간의 순서 관계를 나타낸 도표이다. 예를 들어, 11번 작업을 수행하려면 7번과 5번 작업을 먼저 수행해야 한다. 보기의 순서대로 작업을 수행할 경우에 모든 작업이 정상적인 방식으로 완료될 수 없는 것은?

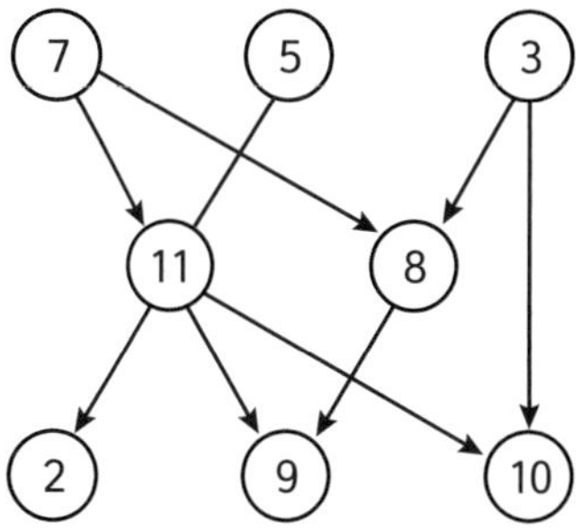

① 7 5 3 11 8 2 9 10 ② 7 5 3 10 2 11 8 9 ③ 5 7 3 8 11 10 9 2
④ 3 5 7 11 8 10 2 9 ⑤ 5 3 7 11 8 2 9 10

14. 명수네 집은 화장실 공사 중이다. 명수네 집의 화장실은 아래의 왼쪽 그림과 같은 가로, 세로 4인 정사각형 모양이다. 화장실 바닥을 오른쪽 그림과 같은 모양의 타일로 채우려고 하는데, 화장실 바닥 중 한 칸은 하수도를 연결하기 위한 배수구로 사용해야 하기 때문에 타일로 채울 필요가 없다. 명수는 아래 그림에서 A, B, C, D 중 한 곳을 배수구 위치로 하고 싶다. 화장실 배수구의 위치로 불가능한 곳은 어디일까?

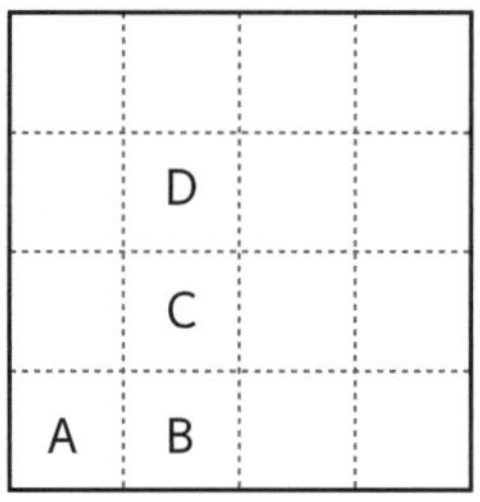

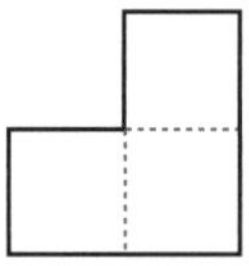

15. 두 사람 A와 B는 4 이상의 자연수 N을 정한 후, 다음과 같은 게임을 한다.

(1) A는 1부터 시작하여 하나에서 세 개까지의 연속된 자연수를 외친다.
(2) B는 A가 부른 수의 다음 자연수부터 시작하여 하나에서 세 개까지의 연속된 자연수를 외친다.
(3) 다시 A는 B가 부른 수의 다음 자연수부터 시작하여 하나에서 세 개까지의 연속된 자연수를 외친다.
(4) (2)와 (3)을 반복하다 누구든지 N을 외치면 게임이 종료되며 승자가 된다.

예를 들면, N=15일 때에, A가 외친 수들을 ( ) 안에, B가 외친 수들을 [ ] 안에 써서 표시하면 가능한 경우 중 하나는 (1, 2, 3) - [4, 5] - (6, 7, 8) - [9, 10, 11] - (12, 13, 14) - [15]로 B가 이기게 된다. A와 B가 N을 정하여 게임을 다시 시작하려 한다. 다음 중 A가 무슨 수를 써도 B가 항상 이기는 방법이 가능한 N은 무엇일까?

① 15　　② 16　　③ 17　　④ 18　　⑤ 없다

2015년도 정보올림피아드 기출문제 채점표

번호	점수	득점 여부
1번	4점	
2번	4점	
3번	4점	
4번	4점	
5번	6점	
6번	6점	
7번	6점	
8번	6점	
9번	7점	
10번	7점	
11번	7점	
12번	8점	
13번	8점	
14번	9점	
15번	10점	
총점	100점	

90점 이상: 정보올림피아드 은상, 금상 수상 점수

80점 이상: 정보올림피아드, 정보영재원 입상 안정권

70점 이상: 정보올림피아드, 정보영재원 입상 커트라인

3 2016년 정보올림피아드 1차 유형1 이산수학 기출문제

1. 다음 보기 중에서 9로 나누어떨어지는 수는 무엇인가?

① 111 ② 222 ③ 333 ④ 444 ⑤ 555

2. 미술관 내부에 오른쪽 그림처럼 16개의 방이 있다. 각각의 방들은 문으로 연결되어 있고 북쪽의 방들과 남쪽의 방들은 미술관 밖으로 연결된 문이 있다. 관람객은 북쪽(그림에서 위쪽) 방 중의 하나로 들어와서 16개의 방을 정확히 한 번씩 방문한 후 남쪽 방 중의 하나에서 미술관을 떠나려고 한다. 이를 위해 관람객은 최소 몇 개의 문을 지나야 하는가?

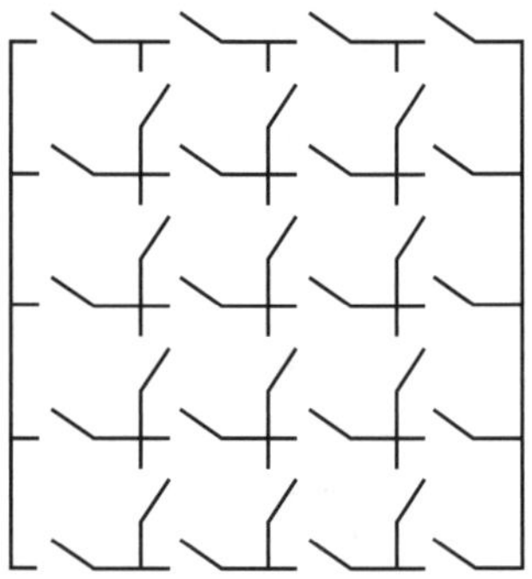

① 16 ② 17 ③ 18 ④ 19 ⑤ 20

3. 두 자연수 a와 b에 대하여 a^b은 a를 b번 곱해서 얻은 수이다. 예를 들어, 4^3은 $4\times4\times4$와 같다. 3^{2016}의 마지막 자리의 숫자(1의 자리의 수)는 얼마인가?

① 1 ② 3 ③ 5 ④ 7 ⑤ 9

4. 1에서 10까지의 자연수를 모두 곱한 수를 X라고 하자. X를 16진수로 표기하면 몇 개의 0이 오른쪽에 연속적으로 나타날까?

① 1 ② 2 ③ 3 ④ 4 ⑤ 5

5. 어떤 프로그램은 임의의 자연수에 대해서 그 결과가 1이 나올 때까지, 아래의 작업을 반복한다.

자연수가 짝수이면 2로 나눈다. 홀수이면 3을 곱하고 1을 더한 후, 2로 나눈다.

예를 들어, 자연수 5에서 시작했다면, 5→8→4→2→1의 순서로 값이 변하며 마지막에 1에 도달하게 된다. 이때 실행한 작업의 횟수는 4회이다. 그렇다면 682는 위의 작업을 몇 회 실행했을 때 1에 도달하게 될까?

① 10 ② 11 ③ 12 ④ 13 ⑤ 1에 도달하지 못함

6. 오른쪽 그림은 A 지점과 B 지점을 잇는 도로를 선분으로 표시한 약도이다. 이 약도에서 가장 작은 정사각형의 가로, 세로 길이는 1이다. A 지점에서 B 지점으로 이동할 때에 가장 짧은 길은 모두 몇 가지인가? (대각선으로 표시된 길은 1보다 길다는 것에 유의하라.)

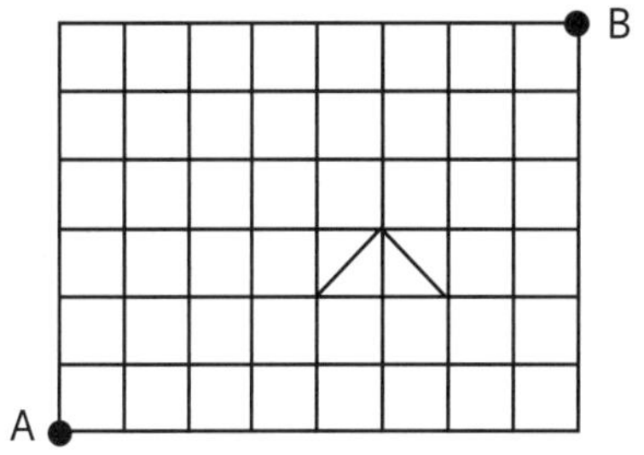

① 300 ② 420 ③ 525 ④ 735 ⑤ 1176

7. 시침과 분침으로 시간을 나타내는 아날로그 시계가 있다. 이 시계로 오후 12시 1분부터 다음 날 오후 12시 1분 사이에 시침과 분침이 정확하게 겹치는 것은 총 몇 회일까?

① 21 ② 22 ③ 23 ④ 24 ⑤ 25

8. 10자리 자연수 abcdefghij가 있다. 이 자연수는 10으로 나누어떨어지고 맨 왼쪽의 수를 제외한 9자리 자연수 bcdefghij는 9로 나누어떨어진다. 또한, 각 자리 수 a, b, c, …, j는 모두 다른 숫자이다. 이때 a와 j의 값은 각각 얼마인가?

① 4, 0　② 9, 7　③ 7, 9　④ 9, 0　⑤ 3, 9

9. 금화 100개가 있다. 이 중 99개는 진품으로 정확히 10그램이다. 하지만 나머지 하나는 10그램보다 가벼운 가짜이다. 여러 개의 금화를 동시에 올려놓을 수 있는 양팔 저울을 이용해 가짜 금화를 찾아내려고 한다. 어떤 경우에라도 가짜 금화를 찾아내기 위해 필요한 양팔 저울의 사용 횟수 중 가장 작은 값을 아래 보기에서 골라라.

① 5　② 6　③ 7　④ 10　⑤ 99

10. 자전거의 주행 거리를 기록하는 장치는 세 자리로 구성되어 있다. 즉, 000km부터 999km까지 기록할 수 있다. 000km부터 시작하여 1km씩 증가하여 999km까지 도달하였다. 그동안 주행 장치에 1이 나타나는 횟수는 얼마인가? (예를 들면 111km, 112km, 113km에서 나타나는 1의 개수는 모두 7개이다.)

① 200　② 300　③ 400　④ 500　⑤ 600

11. 길이가 각각 1, 2, 2, 3, 3, 5, 6, 8인 가느다란 막대기가 8개 있다. 이 중 세 개를 골라 각각을 변으로 하는 삼각형은 총 몇 가지인가? (합동인 삼각형은 같은 삼각형으로 생각한다.)

① 6　② 8　③ 9　④ 14　⑤ 20

12. 1월 1일에 방금 태어난 암컷과 수컷 토끼 한 쌍을 원래 토끼가 없던 아름다운 섬에 풀어 주었다. 암수 한 쌍은 태어난 지 2달 후부터 매월 1일에 암컷 1마리, 수컷 1마리 쌍을 새끼로 낳는다. 11월 2일에 토끼섬에 있는 토끼의 수는?

① 89　　② 110　　③ 178　　④ 188　　⑤ 288

13. 어떤 수 x에 대해서 $x^2=-x-1$의 등식이 성립한다고 한다. x^{2016}의 값은 얼마일까?

① -1　　② 0　　③ 1　　④ 2　　⑤ 2016

44. [단답형] 오른쪽 색칠된 것은 철판으로 만든 다각형이다. 이 모양을 레이저를 이용하여 몇 개의 조각으로 절단하려고 한다. 레이저는 최대 두 번까지 사용할 수 있는데 한 번은 수평 방향으로 자르고 다른 한 번은 수직 방향으로 잘라야 한다. 최대 몇 개의 철판 조각을 만들 수 있을까? (철판은 고정되어 있어서 한 번 자른 후 철판 조각을 이동하거나 겹쳐서 자르는 것은 불가능하다.)

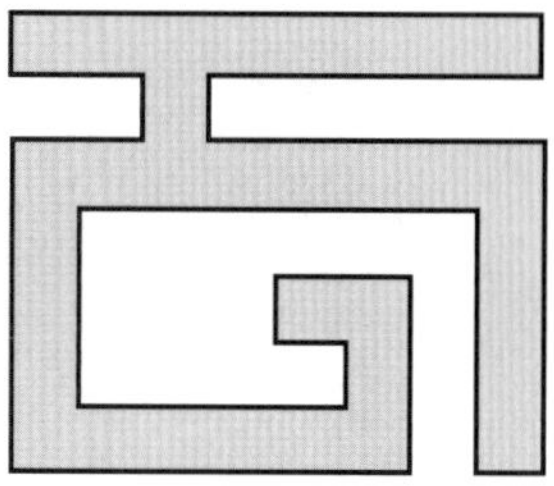

45. [단답형] 어떤 자연수 a를 다섯 번 곱한 a^5이 $1{,}419{,}857$이 되었다. a는 얼마인가?

2016년도 정보올림피아드 기출문제 채점표

번호	점수	득점 여부
1번	4점	
2번	4점	
3번	4점	
4번	4점	
5번	6점	
6번	6점	
7번	6점	
8번	6점	
9번	7점	
10번	7점	
11번	7점	
12번	8점	
13번	8점	
44번	9점	
45번	10점	
총점	100점	

90점 이상: 정보올림피아드 은상, 금상 수상 점수

80점 이상: 정보올림피아드, 정보영재원 입상 안정권

70점 이상: 정보올림피아드, 정보영재원 입상 커트라인

4 2017년 정보올림피아드 1차 유형1 이산수학 기출문제

1. 1부터 2017까지 홀수가 하나씩 쓰인 카드가 1009장이 있다. 카드 두 장을 뽑아서 카드의 합이 2017이 되는 경우는 총 몇 가지인가?

① 1 ② 128 ③ 512 ④ 2016 ⑤ 0

2. 아래 그림처럼 1부터 5까지 번호가 붙어 있는 상자가 있다. 이 상자를 세는데, 가장 왼쪽 상자부터 오른쪽으로 진행하면서 세다가, 다시 오른쪽에서 왼쪽으로 가면서 세고, 이 과정을 계속 반복한다. (상자 아래에 1에서 13까지 세는 순서가 그려져 있다.) 이런 방식으로 상자를 센다면, 50번째 상자는 몇 번 상자가 될까?

1	2	3	4	5
1	2	3	4	5
9	8	7	6	
	10	11	12	13
		...		

① 1 ② 2 ③ 3 ④ 4 ⑤ 5

3. 10명의 친구들이 먹기 위해서 세상에서 가장 큰 피자를 한 판 주문하였다. 하지만 배달된 피자를 확인해보니, 그 큰 피자가 전혀 잘려있지 않았다. 당신은 큰 칼을 이용해 이 피자를 10조각으로 자르려고 한다. 칼은 피자를 직선으로만 자른다고 할 때, 당신은 최소 몇 번의 칼질을 해야 할까? 칼질 후에 피자 조각의 크기의 차이는 모두 신경 쓰지 않는다고 한다. 여러 번의 칼질 사이에 피자 조각을 들어 옮기는 경우는 없으며, 피자 모양은 완전한 원형으로 가정한다.

① 3 ② 4 ③ 5 ④ 6 ⑤ 7

4. 평면 위에 임의의 삼각형 두 개를 놓아서 두 삼각형의 교집합 영역이 삼각형, 사각형, 오각형, 혹은 육각형이 되도록 하고 싶다. 이 중에서 불가능한 모양은 무엇일까?

① 삼각형 ② 사각형 ③ 오각형 ④ 육각형 ⑤ 모두 가능

5. 오른쪽의 그래프에서 정점 p에서 정점 z까지 이동할 수 있는 방법의 수는?

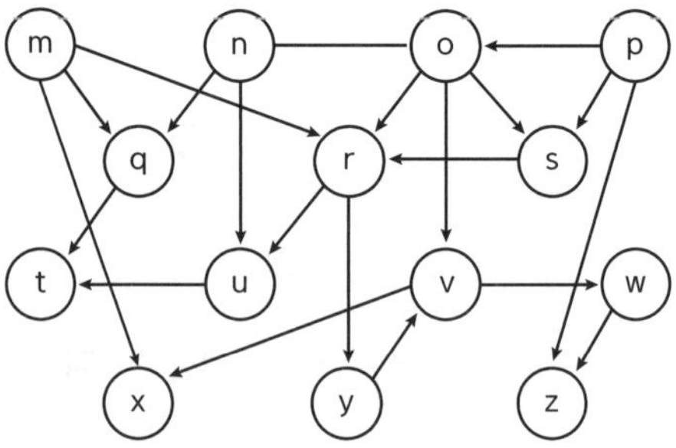

① 3 ② 4 ③ 5 ④ 6 ⑤ 7

6. 사다리 게임은 아래 그림과 같이 수직선과 수평선으로 이루어진 그림에서 각 수직선의 맨 위에서 출발하여 선을 따라 내려오다가 수평선을 만날 때마다 반대편 수직선으로 건너가는 방식으로 진행하여 도착하는 지점을 찾는다. ○ 표시가 있는 곳에 도착하게 되면 승리하는 조건이다. 당신은 출발점으로 두 번째 수직선(그림에서 화살표가 가리키는 수직선)을 선택하였는데 선택 후에 그 시작점에서 출발하면 승리할 수 없다는 것을 깨달았다. 대신 수평선을 몇 개 추가로 그리면 승리할 수 있다고 한다. 그려야 할 수평선의 최소 개수는 몇 개일까? 단, 수평선은 항상 인접한 두 수직선 사이에만 위치해야 하며, 다른 수평선과 같은 높이에 그릴 수 없다.

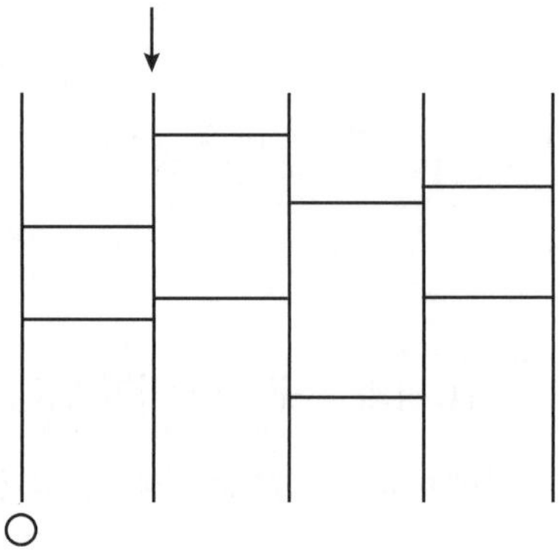

① 1 ② 2 ③ 3 ④ 4 ⑤ 5

7. A, B, C가 처음 만나서 몇 명이 서로 악수를 했다. 이때, 악수를 한 두 사람의 쌍들의 집합을 X라 하자. 적어도 한 쌍이 악수를 했고, 누구도 같은 사람과는 2번 이상 악수를 하지 않았다면 X가 될 수 있는 집합은 모두 몇 개인가?

① 7　② 8　③ 10　④ 63　⑤ 64

8. 시침과 분침이 현재 12시 정각을 가리키고 있다. 12시간 이후에 다시 12시 정각에 오게 된다. 12시간 동안 시침과 분침이 이루는 각도가 정확히 90도가 되는 경우는 총 몇 번인가?

① 11　② 12　③ 22　④ 23　⑤ 24

9. 준우는 모든 간선의 길이가 1인 서로 다른 5개의 그래프에서 시작 정점에서 모든 정점까지 최단 거리를 구하였다. 하지만 급하게 하느라 실수가 있어서 1개의 그래프에 대해서는 최단 거리를 잘못 구하였다. 아래와 같이 그래프의 일부만 주어졌을 때 잘못 구한 그래프를 찾아라. 각 정점 안에 쓰인 숫자가 준우가 구한 최단 거리이다.

①
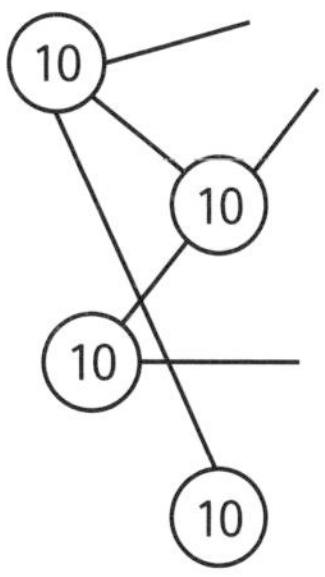

②
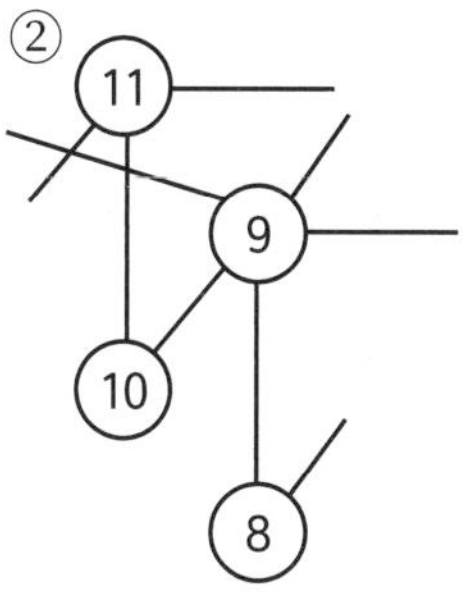

③
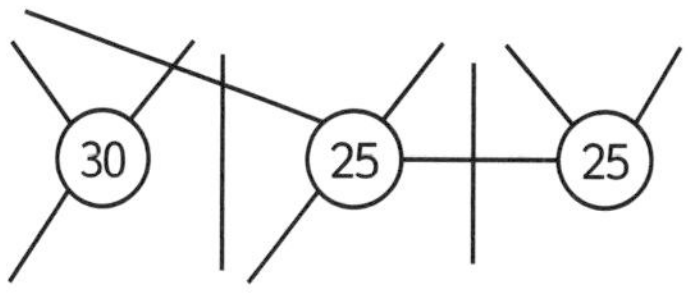

④
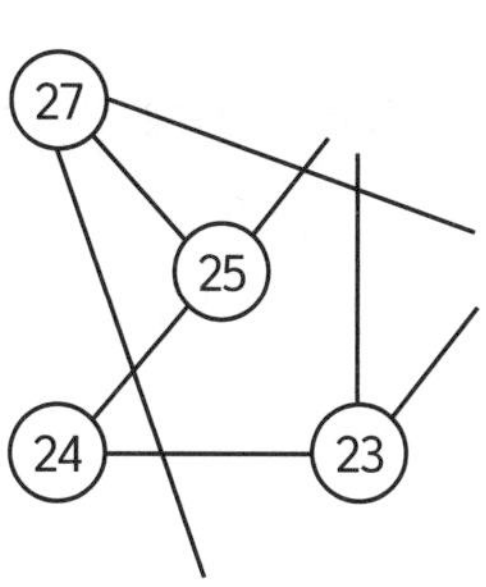

⑤
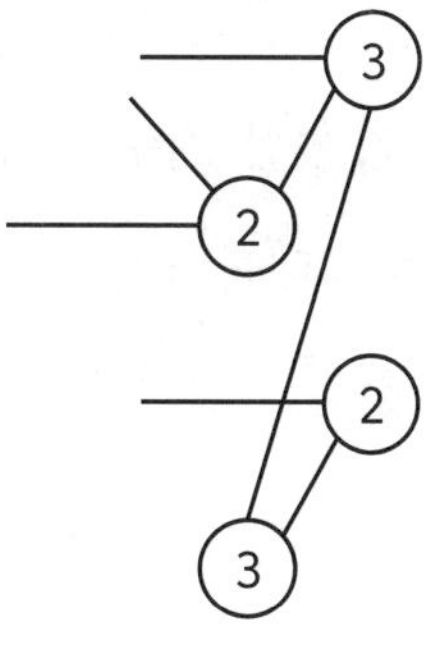

10. 오른쪽 그림에서 발견할 수 있는 삼각형은 모두 몇 개인가?

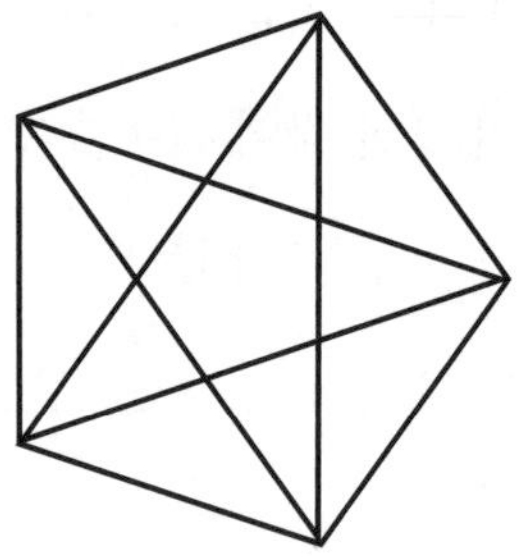

① 25 ② 27 ③ 30 ④ 35 ⑤ 37

36. 1번 학생부터 10번 학생까지 10명의 학생이 가위바위보 게임을 한다. 처음에는 모든 학생들이 자기 번호가 쓰인 조끼를 입고 있다. 임의의 두 학생이 승부가 날 때까지 가위바위보를 하여 진 학생은 자기 번호의 조끼를 벗어 빨래통에 넣고 이긴 학생과 같은 번호의 새 조끼로 갈아입는다. 또한, 가위바위보를 하지 않은 학생 중에서 진 학생과 같은 번호의 조끼를 입고 있는 학생도 현재 조끼를 빨래통에 넣고 이긴 학생과 같은 번호의 새 조끼로 갈아입는다. (같은 번호의 조끼는 10벌 이상 충분히 많다.) 자기 번호의 조끼를 입고 있지 않은 학생은 더 이상 가위바위보를 할 수 없고 자기 번호의 조끼를 입고 있는 학생들끼리만 가위바위보를 할 수 있다. 가위바위보 게임을 반복하여 모든 학생이 같은 번호의 조끼를 입게 된 후 빨래통에 들어있는 조끼 개수의 최댓값은 얼마인가?

37. (3.5점) A, B 두 사람이 카드게임을 한다. 이 카드게임에서는 8장의 카드에 점수가 적혀있으며, 아래와 같이 일렬로 점수가 보이도록 놓여 있다.

3 4 2 3 2 3 3 2

A와 B는 번갈아 가면서 가장 왼쪽 혹은 가장 오른쪽 카드를 가져가며 가져간 카드의 점수만큼 득점한다. 이를 반복하여 모든 카드가 없어졌을 때, 얻은 점수의 합으로 승패를 가른다. A와 B는 둘 다 모두 전략적으로 플레이하며 따라서 최종 득점을 최대화하려고 한다.

A가 첫 번째로 게임을 시작한다면, A는 몇 점을 득점하게 될까?

2017년도 정보올림피아드 기출문제 채점표

번호	점수	득점 여부
1번	4점	
2번	4점	
3번	4점	
4번	4점	
5번	6점	
6번	6점	
7번	6점	
8번	6점	
9번	7점	
10번	7점	
11번	7점	
12번	8점	
13번	8점	
44번	9점	
45번	10점	
총점	100점	

90점 이상: 정보올림피아드 은상, 금상 수상 점수

80점 이상: 정보올림피아드, 정보영재원 입상 안정권

70점 이상: 정보올림피아드, 정보영재원 입상 커트라인

PART V

이산수학 모의고사

1. 2022년 정보올림피아드 기출문제를 모의고사로 풀어보기

기출문제는 가장 확실한 수준의 모의고사입니다. 2019~2021 최신기출문제, 2014~2017 기출문제를 다 풀어 본 후 마지막으로 2022년도 기출문제를 모의고사 형태로 풀어서 자신의 실력을 점검해 주세요.

1 2022년 정보올림피아드 기출문제를 모의고사로 풀어보기

1. Lyndon word (5점)

주어진 문자열에서 처음 한 글자를 맨 뒤로 옮기는 과정을 반복해서 문자열들을 만들자. 예를 들어, banana로부터 ananab, nanaba, anaban, nabana, abanan 5개의 문자열을 더 만들 수 있다. 이 중 사전에서 가장 먼저 나오는 단어는 abanan이고, 5개의 문자를 뒤로 옮겨서 얻는 문자열이다.
그렇다면, foobar에 대해서 똑같은 일을 하면 몇 개의 문자를 뒤로 옮겼을 때 나오는 문자열이 사전에서 가장 먼저 나오는가?

① 2　　② 3　　③ 4　　④ 5

2. 케이크 도난 사건 (5점)

KOI를 준비하는 사무실에 맛있는 케이크가 선물로 들어왔다. 잠시 자리를 비운 사이 케이크가 없어졌다. CCTV를 조사해보니 P, Q, R 세 명이 사무실을 지나간 것이 기록되었다. 이 세 사람에 대해서 다음 사실이 성립한다.

- P, R 중 적어도 한 명은 케이크를 먹었다.
- P가 케이크를 먹지 않았거나 Q가 케이크를 먹었다. P가 케이크를 먹지 않은 동시에 Q가 케이크를 먹었을 수도 있다.

그렇다면, 다음 설명 중 반드시 사실인 것은?

① R은 반드시 케이크를 먹었다.
② Q, R 중 적어도 한 명은 반드시 케이크를 먹었다.
③ Q는 반드시 케이크를 먹었다.
④ 아무도 케이크를 먹은 사람이 없다.

3. 유람선 (6점)

한강은 시속 2㎞로 동에서 서로 흐르고 있다. 물 위에 떨어진 물체는 물과 같은 속도로 이동한다. 상류 선착장에서 유람선이 출발하여 서쪽으로 가다가 반환점에 오면 다시 동쪽으로 방향을 바꾸어 운행하는 유람선은 흐르지 않는 물에서는 시속 10㎞로 운행하고 있다. 즉, 유람선은 서쪽으로 갈 때는 시속 12㎞, 동쪽으로 갈 때는 시속 8㎞로 운행하게 된다.

유람선을 타고 있던 어떤 학생이 모자를 떨어뜨렸는데, 그 사실을 모르고 있었다. 학생이 모자를 떨어뜨린 시점에서 10분이 지났을 때 유람선은 반환점에 있었고, 그제야 학생은 모자를 잃어버린 것을 알게 되었다. 앞으로 몇 분 뒤에 모자를 만나게 될까?

4. 그래프 만들기 (6점)

6개의 정점으로 구성된 그래프를 그리고자 한다. 단, 자신과 자신을 잇는 간선을 그릴 수는 없고, 임의의 정점 쌍을 잇는 간선이 두 개 이상 있으면 안 된다. 주어진 6개의 수가 각 정점의 차수(degree)가 되도록 그래프를 그릴 수 있는 보기를 선택하라.

① 0, 0, 0, 1, 1, 1　　② 4, 2, 4, 2, 3, 3

③ 2, 2, 2, 2, 2, 1　　④ 5, 5, 4, 3, 2, 1

5. 경진대회 (8점)

N 명의 학생이 참여하는 경진대회가 있다. 대회 종료 후 주최 측에선 참여 학생의 여러 가지 사항을 검토 분석하여 1등부터 N등까지의 등수를 매긴다. 경진대회 종료 후 학생의 등수를 결정하는 데는 많은 시간이 필요하기 때문에 모든 학생은 집으로 돌아가게 되고, 추후에 대회 주최 측에서 학생 각 개인에게 (등수, 시상 등급) 순서쌍을 통보한다. 대회를 주최하는 측에서 시상하는 규칙은 다음과 같다.

1. 가장 상위 k 명에겐 1등급 상을 부여한다.
2. 이어지는 k+1 명에겐 2등급 상을 부여한다.
3. 이어지는 k+2 명에겐 3등급 상을 부여한다.
4. 이런 식으로 이어지는 k+i 명에게 i+1등급의 상을 부여한다.
5. 마지막 등급의 상은 하위에 남은 학생들에게 부여하기 때문에 수상 인원수가 가변적일 수 있다.

대회에 참여한 영희와 영희의 친구들은 각자 자기가 통보받은 (등수, 시상 등급) 정보를 이용하여 k의 값이 얼마인지 추정하고자 한다. 예를 들어, 영희를 포함한 3명의 친구가 통보받은 (등수, 시상 등급)이 다음과 같다고 하자.

- 영희: (3등, 1등급), 동수: (4등, 2등급), 미나: (8등, 3등급)

이 정보를 종합하면 k는 정확히 3임을 알 수 있다. 세 명의 친구가 받은 정보가 다음과 같다면, k의 값으로 가능한 최소 수 및 최대 수를 구하시오.

- 영희: (9등, 2등급), 동수: (17등, 3등급), 미나: (27등, 4등급)

① 최소 5, 최대 7　　② 최소 6, 최대 7
③ 최소 5, 최대 6　　④ 최소 5, 최대 8

6. 달리기 (8점)

A, B, C, D, E 다섯 명이 100m 달리기를 하여 1등부터 5등까지의 순위가 결정되었다. 다음과 같은 조건이 모두 성립할 때, 3등은 누구인가?

- A는 C보다 순위가 낮다.
- E의 순위는 B와 A 사이이다.
- B보다 순위가 낮은 사람은 없다.
- D는 A보다 순위가 높다.

① A ② B ③ C ④ D ⑤ E

7. 두 트리 연결하기 (9점)

다음 그림의 두 트리에서, 왼쪽 트리의 한 정점과 오른쪽 그림의 한 정점을 길이가 0인 간선으로 연결하려고 한다. 다른 간선들은 모두 길이가 1일 때, A와 B를 잇는 경로의 길이가 5가 되려면 어느 두 노드를 연결해야 하는가?

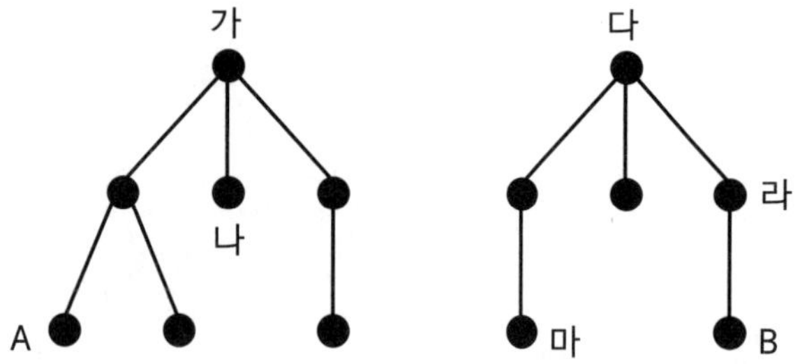

① 가—다　② 가—라　③ 가—마　④ 나—다　⑤ 나—라

8. 통로 위의 강아지 (9점)

그림과 같이 한 칸의 가로세로 길이가 동일한 격자 형태의 통로에 여섯 마리의 강아지가 얌전히 앉아 있다. 강아지들은 모두 얌전해서 제자리에서 움직이지 않지만 만약을 대비해서 각 강아지에 목줄을 걸어 한 사람이 여섯 줄을 모두 잡고 있으려고 한다. 목줄로 사용할 줄이 넉넉하지 않아 목줄의 길이의 합이 최소가 되는 곳에서 모든 줄을 잡고 있으려고 한다. 그 위치로 옳지 않은 곳은 어디인가?

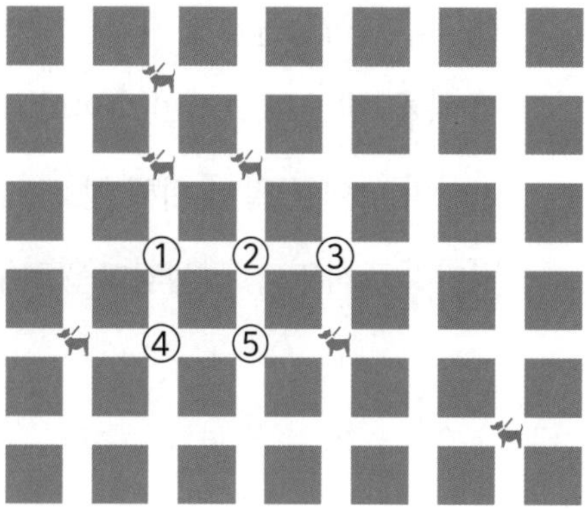

9. 나이 (10점)

선생님은 학생들에게 자기는 아이가 3명 있는데 아이들 나이의 곱이 72라고 하였다. 나이는 자연수라고 하자. 반장이 그러면 나이의 합이 얼마냐고 물었더니 선생님이 귓속말로 알려 주었는데, 반장은 세 아이의 나이를 알기 위해 힌트가 더 필요하다고 말하였다. 그러자 선생님은 제일 나이 많은 아이는 한 명이라고 하였다. 선생님이 알려주신 세 아이의 나이의 합은?

10. 점프 (10점)

어떤 물체가 수직선에서 이동을 한다. 시작 좌표는 0이며, 오른쪽으로 이동하여 좌표 N에 도착하려고 한다. 이동하는 방법은 2가지이다.

- **기본이동:** 오른쪽으로 1만큼 움직인다.
- **점프:** 오른쪽으로 바로 직전에 움직인 거리의 2배만큼 이동한다.

사용 가능한 이동횟수("기본이동"과 "점프"를 사용하는 총 횟수)가 정해져 있다면, 어떤 좌표에는 도착할 수 없을 수도 있다. 예를 들어, 정확히 4번 이동할 수 있을 때, $N=8$에는 도착 가능하지만 ($1+2+4+1=8$이기 때문), $N=7$에는 어떻게 이동하더라도 도착할 수 없다. 정확히 6번 이동할 수 있을 때 도착할 수 있는 좌표 중 19와 가장 가까운 좌표는?

① 16　　② 17　　③ 18　　④ 19

11. 블록 쌓기 (15점)

직육면체 모양의 나무 블록의 크기는 (L(길이), W(너비), H(높이))로 결정된다. 주어진 블록을 가능한 높이 쌓으려고 한다. 단, 안정성을 고려해서 아래에 놓이는 블록의 길이와 너비는 위에 놓인 블록의 길이와 너비보다 각각 같거나 커야 한다. 모든 블록은 회전이 가능하다.

예를 들어, 아래 그림 좌측에서 보인 것처럼 두 블록의 크기가 각각 (3, 5, 3)과 (3, 4, 5)일 때, 그림 우측에 보인 것처럼 쌓으면 높이가 10이 되고, 이는 가장 높게 쌓은 모양이다.

주어진 3개의 블록 크기가 각각 (2, 5, 8), (4, 4, 9), (3, 2, 4)일 때, 이들을 가능한 높게 쌓는다면 그 높이는 얼마가 되는가?

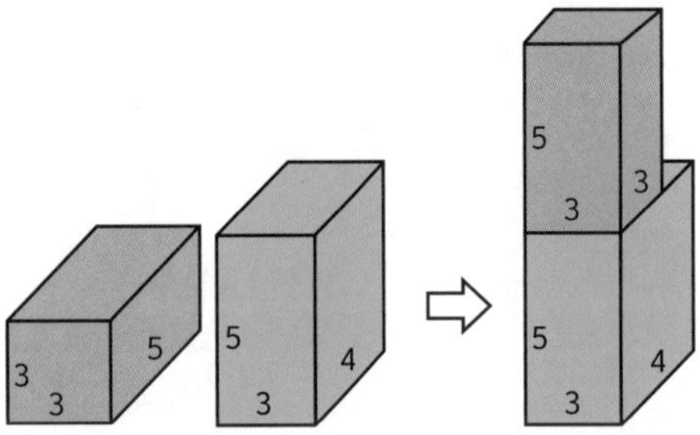

12. 초콜릿 (15점)

초콜릿 공장의 컨베이어 벨트에서 아래와 같이 한 칸 단위의 초콜릿 14개가 한 줄로 나왔다. 공정 중에 문제가 생겨서, 어떤 단위 초콜릿은 흠이 있는 불량품(아래 그림에서 F로 표시)이다. F 표시가 없는 단위 초콜릿은 정상적인 단위 초콜릿이다.

우리는 이것을 적당한 길이의 묶음으로 잘라 포장하여 판매하려고 한다. 각각의 묶음은 연속적으로 붙어 있는 2개 또는 3개의 단위 초콜릿들로 구성된다. 각각의 묶음에는 불량품이 최대 한 개만 포함될 수 있다. 초콜릿을 버릴 수는 없으며, 초콜릿을 잘랐다가 다시 붙일 수는 없다. 묶음 종류별 가격은 다음과 같다. 묶음 내에서 불량품인 단위 초콜릿의 위치는 어디에 있든지 상관이 없다.

오른쪽 표와 같이 주어진 초콜릿을 정해진 묶음으로 나누었을 때, 팔아서 얻을 수 있는 금액의 최댓값(달러 단위)은?

종류	가격
단위 초콜릿 2개, 모두 정상	4달러
단위 초콜릿 3개, 모두 정상	7달러
단위 초콜릿 2개, 불량 1개	3달러
단위 초콜릿 3개, 불량 1개	5달러

모의고사 채점표

번호	문항 제목	점수	득점 여부
1번	Lyndon word	5점	
2번	케이크 도난 사건	5점	
3번	유람선	6점	
4번	그래프 만들기	6점	
5번	경진대회	8점	
6번	달리기	8점	
7번	두 트리 연결하기	9점	
8번	통로 위의 강아지	9점	
9번	나이	10점	
10번	점프	10점	
11번	블록 쌓기	15점	
12번	초콜릿	15점	
총점			

90점 이상: 정보올림피아드 은상, 금상 수상 점수

80점 이상: 정보올림피아드, 정보영재원 입상 안정권

70점 이상: 정보올림피아드, 정보영재원 입상 커트라인

부록

A. 참고 문헌

- 박주미, 『컴퓨팅 사고력을 키우는 이산수학』, 한빛아카데미, 2017
- 김대수, 『4차 산업혁명 시대의 이산수학』, 김대수, 2021
- 김지현, 『중학교 수학에서 이산수학 지도 가능성 탐색들』, 2001
- 이강산, 『제7차 개정 교육과정에서의 이산수학 지도방법 연구: 그래프이론의 활용 단원을 중심으로』, 2013
- 이경민, 『중등부 영재교육과 이산수학』, 2016
- 전현석 외 12명, 『문제해결을 위한 창의적 알고리즘 초급』,정보화진흥원, 2016

B. 참고 사이트

■ **비쥬얼고우:** http://visualgo.net/en

온라인상에서 그래프, 트리, 정렬 등 이산수학 및 알고리즘 내용을 시뮬레이션으로 학습할 수 있는 사이트

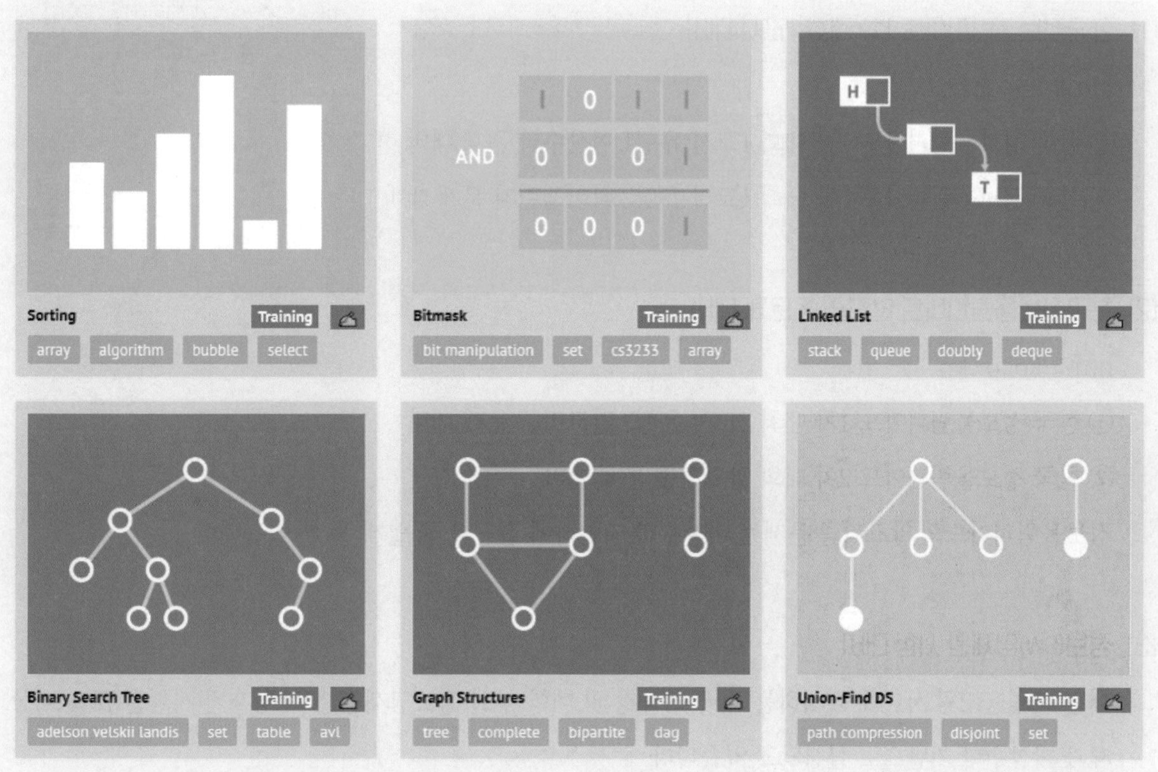

■ **그래프온라인:** http://graphonline.ru/en/

온라인상에서 그래프를 직접 그린 후 시뮬레이션할 수 있는 사이트

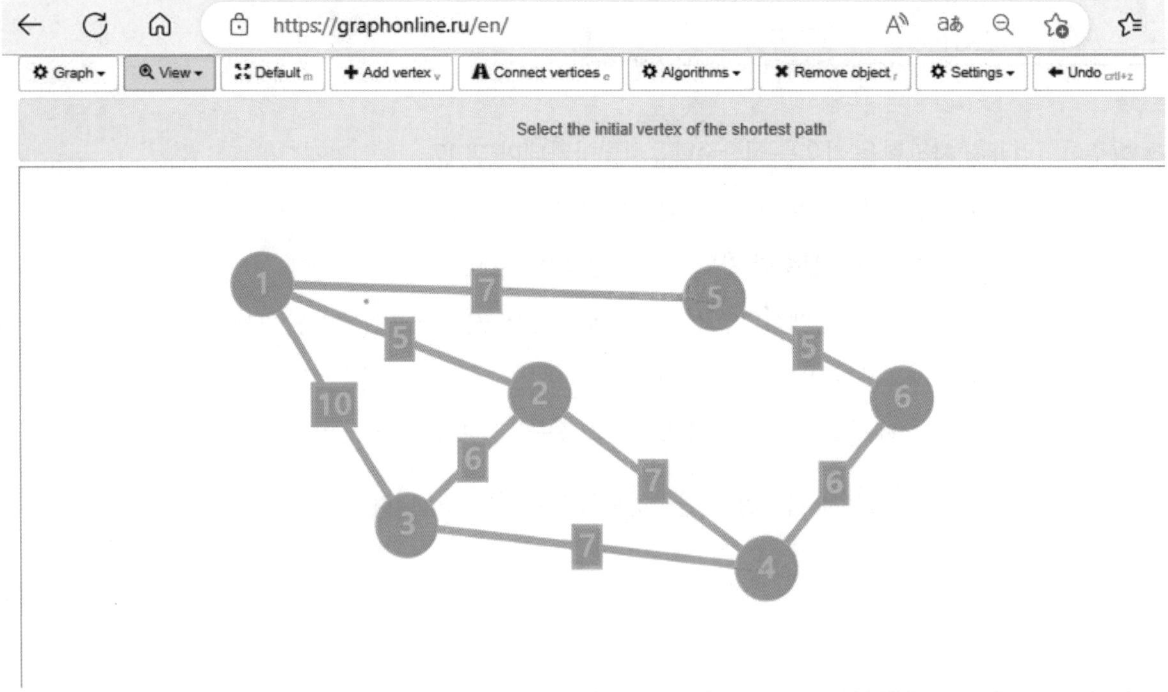

C. 이산수학이 필요한 시험

[1] 한국정보올림피아드 1차 대회 1교시 대비

http://koi.or.kr/

① 한국 정보올림피아드 1차 대회 1교시 유형1 이산수학 문제 대비

② 한국 정보올림피아드 1차 대회 1교시 유형2 비버챌린지 문제 대비

[2] 한국정보올림피아드 알고리즘 문제 대비

http://koi.or.kr/

① 한국 정보올림피아드 1차 대회 2교시 유형3 알고리즘 문제 대비

② 한국 정보올림피아드 2차 대회 알고리즘 문제 대비

정보올림피아드의 알고리즘 문제는 이산수학 기반하에 접근할 때 쉽게 풀 수 있습니다.

[3] 정보(SW)영재원 시험 대비

매년 10월~ 12월 사이에 실시하는 전국 교육청 및 대학 부설 정보영재원, SW 영재원 시험은 70% 이상의 문제가 이산수학 기반으로 실시되고 있습니다.

[4] 비버챌린지 시험 대비

http://www.bebras.kr

요즘 전 세계적으로 유명한 정보과학 대회인 비버챌린지 문항은 80% 이상의 문제가 이산수학 기반하에 시험문제가 출제되고 있습니다.

[5] 텍스트 프로그래밍 기반 알고리즘 대회

국가 및 사설 기관에서 실시하는 대부분의 알고리즘 문제는 이산수학 기반하에 접근할 때 알고리즘 문항을 잘 풀 수 있습니다.

[6] 텍스트 프로그래밍 기반 컴퓨터 자격증

https://www.ybmit.com/cos_pro/cos_pro_info.jsp

① 정보처리기능사

② 리눅스마스터 2급

③ COS Pro

텍스트 프로그래밍 기반하에 취득할 수 있는 정보 분야 자격증은 이산수학의 기초가 잘 되어 있으면 취득하는 데 도움이 많이 됩니다.

잇플의 IT도서들

ITPLE EDUCATION GROUP 잇플

아두이노 내친구 BY스크래치 1편
기초 [교재+키트]

아두이노에 대한 기본적인 내용도 알아보고, 스크래치로 아두이노와 전자 회로를 작동하는 법을 배웁니다.
정가 : 45,000원

아두이노 내친구 BY스크래치 2편
라인트랙 자동차 만들기[교재+키트]

라인 센서, 모터, 모터 드라이버 모듈 등 다양한 전자부품을 직접 사용하여 코딩하면서 멋진 라인 트랙 자동차를 만들 수 있습니다.
정가 : 54,000원

아두이노 내친구 BY스크래치 3편
자율주행 자동차 만들기[교재+키트]

초음파 센서, 서보모터, 모터, 모터 드라이버 모듈 등 다양한 전자부품을 직접 사용하여 코딩하면서 멋진 자율주행 자동차를 만들 수 있습니다.
정가 : 61,000원

아두이노 내친구 1편
기초 [교재+키트]

C/C++기반 스케치 코딩으로써 아두이노의 기초 센서에 대해 배웁니다.
정가 : 39,000원

아두이노 내친구 2편
라인트랙 자동차 만들기 [교재+키트]

C/C++기반 스케치 코딩으로써 1편에서 배운 내용을 기초로 라인트랙 자동차를 만들 수 있습니다.
정가 : 39,000원

아두이노 내친구 3편
블루투스/자율주행/앱만들기 [교재+키트]

C/C++기반 스케치 코딩으로써 블루투스 자동차, 초음파 자율주행 자동차, 스마트폰앱 만들기를 할 수 있습니다.
정가 : 84,000원

KODU 게임메이커 1편

마이크로소프트사(Microsoft)에서 개발한 프로그래밍 도구로 스크래치나 엔트리와 같이 블록코딩을 이용하는 프로그램입니다.
정가 : 11,800원

영재교육을 위한 엔트리 교과서 코딩
국어 통합교과 1학년

엔트리로 학교 교과목(국어,통합교과) 코딩을 한 번에 배우기 위해서 만들었습니다.
정가 : 18,000원

영재교육을 위한 엔트리 교과서 코딩
수학 통합교과 1학년

엔트리로 학교 교과목(수학,통합교과) 코딩을 한 번에 배우기 위해서 만들었습니다.
정가 : 18,000원

영재교육을 위한 엔트리 교과서 코딩
Vol.3 수학,통합교과

엔트리로 학교 교과목과 코딩을 한 번에 배우기 위해서 만들었습니다.
정가 : 18,000원

아두이노 메이킹

단순히 센서만을 사용해보는 것이 아닌 결과물을 만들어 낼 수 있도록 구성되어 있습니다. 결과물을 만드는 과정에서 다양한 센서 사용법에 대해 학습할 수 있습니다.
정가 : 16,000원

아두이노 1편 기초
스탠드 만들기

아두이노 기초 센서에 대해 학습하고 최종 프로젝트로 실생활에 사용할 수 있는 스탠드를 제작합니다.
출간예정

it Leader & Genius

초등 정답과해설

IT영재를 위한 이산수학

정보올림피아드

정보(SW,로봇)영재원

f(1)=0
f(n)=f(n/2)+1
f(n)=f(n+1)+1

목차

PART II

이산 수학 이론 요점 정리

기초 문제 풀이

기초 문제 1

정답 0.75

해설

$\frac{3}{4}$을 소수로 나타내면 다음과 같습니다.

$$\frac{3}{4} = 0.75$$

기초 문제 2

정답 1. $10001_{(2)}$　2. $10_{(2)}$　3. $248_{(8)}$　4. 672

해설

1. 세로로 이진수 덧셈을 할 때 1+1=2로서 2를 이진수로 표현하면 10입니다. 1을 자리올림해줍니다.

$$\begin{array}{ccccc} & 1 & 0 & 1 & 0 \\ + & & 1 & 1 & 1 \\ \hline & & & & \boxed{1} \end{array}$$

$$\begin{array}{ccccc} & & \boxed{1} & & \\ & 1 & 0 & 1 & 0 \\ + & & 1 & 1 & 1 \\ \hline & & & \boxed{0} & 1 \end{array}$$

$$\begin{array}{ccccc} & \boxed{1} & 1 & & \\ & 1 & 0 & 1 & 0 \\ + & & 1 & 1 & 1 \\ \hline & & \boxed{0} & 0 & 1 \end{array}$$

$$\begin{array}{ccccc} & 1 & 1 & & \\ & 1 & 0 & 1 & 0 \\ + & & 1 & 1 & 1 \\ \hline \boxed{1} & \boxed{0} & 0 & 0 & 1 \end{array}$$

$1010_2+111_2=10001_2$

2. 이진수의 뺄셈에서 0에서 1을 뺄 수 없습니다. 이때는 앞자리에서 1을 가져오면 이진수 10=2가 되고 2−1=1이 됩니다.

$$\begin{array}{rccc} & 1 & 0 & 1 \\ - & & 1 & 1 \\ \hline & & & \boxed{0} \end{array}$$

$$\begin{array}{rccc} & \boxed{0} & \boxed{10} & \\ & \cancel{1} & \cancel{0} & 1 \\ - & & 1 & 1 \\ \hline & & & 0 \end{array}$$

$$\begin{array}{rccc} & 0 & 10 & \\ & \cancel{1} & \cancel{0} & 1 \\ - & & 1 & 1 \\ \hline & & \boxed{1} & 0 \end{array}$$

$$\begin{array}{rccc} & 0 & 10 & \\ & \cancel{1} & \cancel{0} & 1 \\ - & & 1 & 1 \\ \hline & \boxed{0} & 1 & 0 \end{array}$$

$101_2-11_2=10_2$

3. 8진수의 덧셈에서 6+5=11은 8+3이므로 8은 자리올림할 때 1이 되고 나머지는 3이 됩니다.

$$\begin{array}{rccc} & & \boxed{1} & \\ & 1 & 4 & 6 \\ + & & 7 & 5 \\ \hline & & & \boxed{3} \end{array}$$

$$\begin{array}{rccc} & \boxed{1} & 1 & \\ & 1 & 4 & 6 \\ + & & 7 & 5 \\ \hline & & \boxed{4} & 3 \end{array}$$

$$\begin{array}{rccc} & 1 & 1 & \\ & 1 & 4 & 6 \\ + & & 7 & 5 \\ \hline & \boxed{2} & 4 & 3 \end{array}$$

$146_8+75_8=243_8$

4. 16진수의 덧셈에서 3+F=3+15=18=16+2가 됩니다. 16은 자리올림으로 1이 되고 나머지는 2가 됩니다. 1+A+C=1+10+12=23=16+7로 자리올림 1과 나머지 7이 됩니다.

$$\begin{array}{rccc} & & \boxed{1} & \\ & 5 & A & 3 \\ + & & C & F \\ \hline & & & \boxed{2} \end{array}$$

$$\begin{array}{rccc} & & 1 & \\ & 5 & A & 3 \\ + & & C & F \\ \hline & & & 2 \end{array}$$

$$\begin{array}{rccc} & 1 & 1 & \\ & 5 & A & 3 \\ + & & C & F \\ \hline & & \boxed{7} & 2 \end{array}$$

$$\begin{array}{rccc} & 1 & 1 & \\ & 5 & A & 3 \\ + & & C & F \\ \hline & \boxed{6} & 7 & 2 \end{array}$$

$5A3_{16}+CF_{16}=672_{16}$

기초 문제 3

정답 **1.** 110001(2) **2.** 762(8) **3.** 174(16) **4.** 27(2), 60(8), 684(16)

해설

1. 10진수 49를 2진수로 바꾸는 과정은 다음과 같습니다.

2	49	
2	24	1
2	12	0
2	6	0
2	3	0
	1	1

49=110001(2)

2. 10진수 498을 8진수로 바꾸는 과정은 다음과 같습니다.

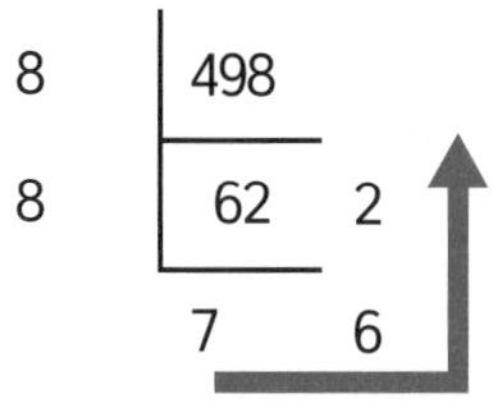

$498 = 762_{(8)}$

3. 10진수 372를 16진수로 바꾸는 과정은 다음과 같습니다.

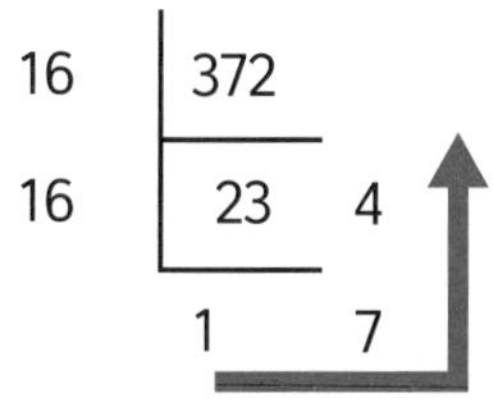

$372 = 174_{(16)}$

4. ▪ 2진수 11011=27

2진수	자릿수	→	10진수	값
1	2^4	→	1×16	16
1	2^3	→	1×8	8
0	2^2	→	0×4	0
1	2^1	→	1×2	2
1	2^0	→	1×1	1
				27

▪ 8진수 74=60

8진수	자릿수	→	10진수	값
7	8^1	→	7×8	56
4	8^0	→	4×1	4
				60

- 16진수 2AC=684

16진수	자릿수	→	10진수	값
2	16^2	→	2×16^2	512
10	16^2	→	10×16	160
12	16^0	→	12×1	12
				684

기초 문제 4

정답 **1.** 2^{35} **2.** $\frac{1}{8}$

해설

1. $(2^3\times2^4)^5=2^{35}$

거듭제곱 연산 방법에 따라 계산하면 다음과 같습니다.

$(2^3\times2^4)^5=(2^{3+4})^5=(2^7)^5=2^{7\times5}=2^{35}$

2. $\frac{2^2}{2^5}=\frac{1}{2^3}=\frac{1}{8}$

거듭제곱 연산 방법에 따라 계산하면 다음과 같습니다.

$$\frac{2^2}{2^5}=\frac{1}{2^{5-2}}=\frac{1}{2^3}=\frac{1}{8}$$

기초 문제 5

정답 **1.** 2^{16} **2.** $1011\ 1000\ 0110\ 0001_{(2)}$

해설

1. 정보의 최소단위인 1bit는 '0과 1', 2^1가지를 나타낼 수 있습니다.

$n$bit는 이진수가 n개 연속으로 나열된 것이므로, 총 2^n까지 나타낼 수 있습니다.

따라서, 16bit는 총 2^{16}개까지 나타낼 수 있습니다.

2. 16bit의 이진수를 표현하려면 0과 1로 이루어진 이진수 16개가 필요합니다.

$1011\ 1000\ 0110\ 0001_{(2)}$

기초 문제 6

정답 1byte → $(2^8)^1=2^8$
2byte → $(2^8)^2=2^{16}$
4byte → $(2^8)^4=2^{32}$
8byte → $(2^8)^8=2^{64}$

해설

- char은 정수형 자료형으로 할당된 메모리 크기는 1byte입니다.
  따라서, 메모리 크기는 1byte → $(2^8)^1=2^8$입니다.

- short는 정수형 자료형으로 할당된 메모리 크기는 2byte입니다.
  따라서, 메모리 크기는 2byte → $(2^8)^2=2^{16}$입니다.

- int와 long은 정수형 자료형, float은 실수형 자료형으로 할당된 메모리 크기는 모두 4byte입니다.
  따라서, 메모리 크기는 4byte → $(2^8)^4=2^{32}$입니다.

- double은 실수형 자료형으로 할당된 메모리 크기는 8byte입니다.
  따라서, 메모리 크기는 8byte → $(2^8)^8=2^{64}$입니다.

기초 문제 7

정답 y값은 차례대로 -5, -2, 1, 4, 7, 10, 13

해설

일차함수 $y=3x+4$에서, x의 값이 $-3, -2, -1, 0, 1, 2, 3$일 때 y의 값은 다음과 같습니다.

x		y
-3	$3\times(-3)+4$	-5
-2	$3\times(-2)+4$	-2
-1	$3\times(-1)+4$	1
0	$3\times0+4$	4
1	$3\times1+4$	7
2	$3\times2+4$	10
3	$3\times3+4$	13

기초 문제 8

정답 7

해설

$f(x)=2(x-2)+3$

$f(4)$의 값은 $x=4$를 함수 $f(x)$에 대입하면 됩니다.

$f(4)=2\times(4-2)+3=7$

따라서, $f(4)=7$입니다.

기초 문제 9

정답 24

해설

$f(x, y)=2x+3y+1$

$f(4, 5)=2\times4+3\times5+1=8+15+1=24$

기초 문제 10

정답 $\frac{37}{64}a^2$

해설

면적이 가장 큰 사각형부터 차례대로 A_1, A_2, A_3라고 합시다. A_1의 넓이는 다음과 같습니다.

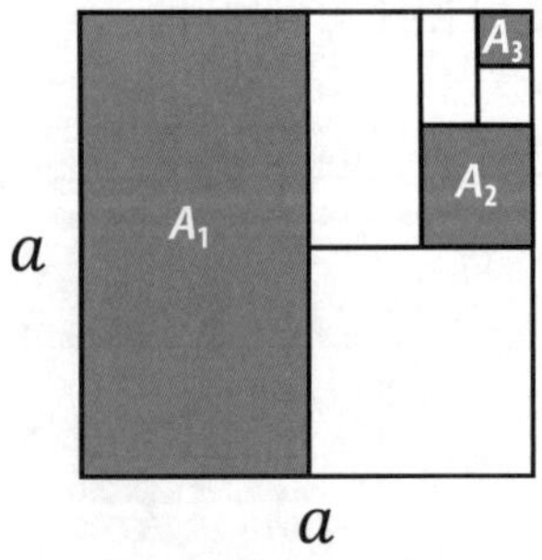

$$A_1 = a\times\frac{1}{2}a = \frac{1}{2}a^2$$

$$A_2 = \frac{1}{4}a\times\frac{1}{4}a = \frac{1}{16}a^2$$

$$A_3 = \frac{1}{8}a\times\frac{1}{8}a = \frac{1}{64}a^2$$

색칠한 부분의 면적은 $A_1+A_2+A_3$이므로 위의 값을 대입하면 다음과 같습니다.

$$\begin{aligned} A_1+A_2+A_3 &= \frac{1}{2}a^2+\frac{1}{16}a^2+\frac{1}{64}a^2 \\ &= \frac{32}{64}a^2+\frac{4}{64}a^2+\frac{1}{64}a^2 \\ &= \frac{37}{64}a^2 \end{aligned}$$

따라서, 색칠한 부분의 넓이는 $\frac{37}{64}a^2$입니다.

기초 문제 11

정답 20

해설

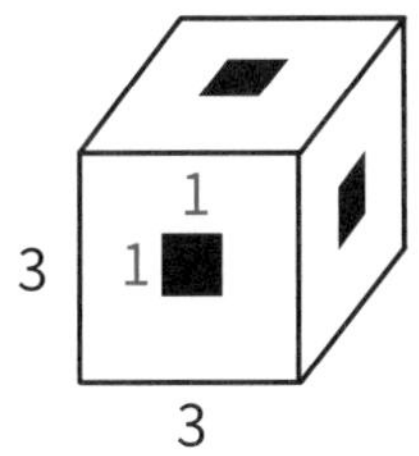

전체 정육면체의 부피에서 구멍의 부피만큼 빼면 됩니다.

전체 정육면체의 부피는 3^3입니다.

구멍의 부피는 가로, 세로, 높이가 모두 1인 정육면체 7개와 같습니다.

즉, 구멍의 부피는 $1^3 \times 7=7$입니다.

따라서, 구멍이 뚫린 정육면체의 부피는 $3^3-(1^3\times7)=27-7=20$입니다.

기초 문제 12

정답

	정사면체	정육면체	정팔면체	정십이면체	정이십면체
면의 모양	정삼각형	정사각형	정삼각형	정오각형	정삼각형
한 꼭짓점에 모이는 면의 개수	3	3	4	3	5
면의 개수	4	6	8	12	20
모서리의 개수	6	12	12	30	30
꼭짓점의 개수	4	8	6	20	12

해설

정다면체의 면, 모서리, 꼭짓점의 개수를 관찰한 후 개수를 세어봅니다.

기초 문제 13

정답 **1.** {3} **2.** {1, 2, 3, 4, 5} **3.** {1, 2} **4.** {4, 5} **5.** {4, 5, 6, 7}
6. {1, 2, 6, 7} **7.** 5개

해설

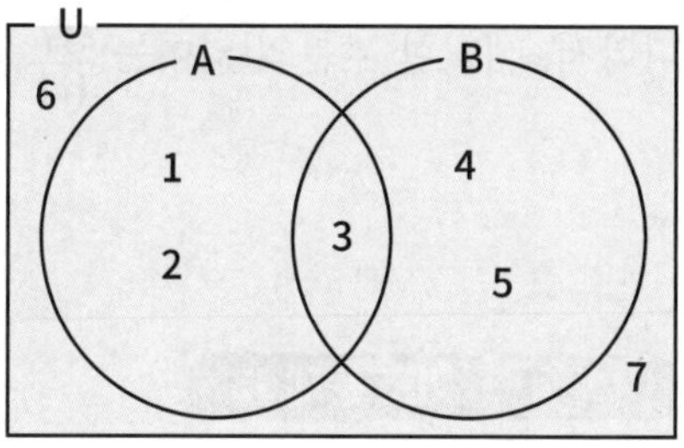

1. $A \cap B = \{3\}$

   $A \cap B$는 A와 B의 교집합으로, A와 B의 공통원소 $\{3\}$입니다.

2. $A \cup B = \{1, 2, 3, 4, 5\}$

   $A \cup B$는 A와 B의 합집합으로, A와 B의 모든 원소 $\{1, 2, 3, 4, 5\}$입니다.

3. $A - B = \{1, 2\}$

   $A - B$는 A와 B의 차집합으로, A의 원소 중 B의 원소를 제외한 나머지 원소 $\{1, 2\}$입니다.

4. $B - A = \{4, 5\}$

   $B - A$는 B와 A의 차집합으로, B의 원소 중 A의 원소를 제외한 나머지 원소 $\{4, 5\}$입니다.

5. $A^c = \{4, 5, 6, 7\}$

   A^c는 A의 여집합으로, 전체 집합 U중 A의 원소를 제외한 나머지 원소 $\{4, 5, 6, 7\}$입니다.

6. $B^c = \{1, 2, 6, 7\}$

   B^c는 B의 여집합으로, 전체 집합 U중 B의 원소를 제외한 나머지 원소 $\{1, 2, 6, 7\}$입니다.

7. $n(A \cup B) = 5$

   $n(A \cup B)$는 $A \cup B$의 원소의 개수이므로 총 5개입니다.

기초 문제 14

정답

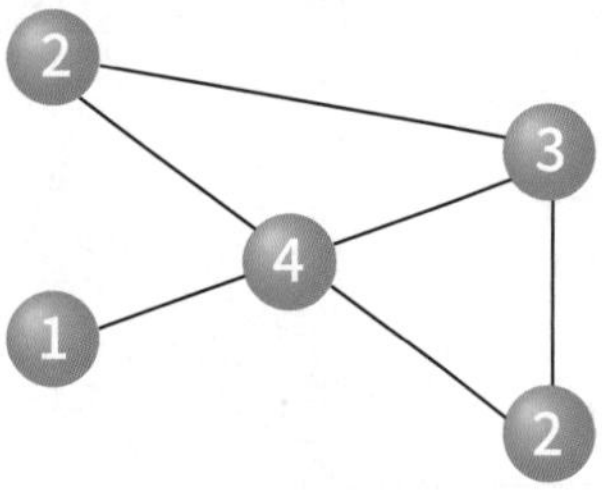

해설

그래프에서 차수란 한 정점에서 연결된 간선의 수입니다.

기초 문제 15

정답 **1. 5개 2. 5개**

해설

항공 노선의 개수를 구하는 방법은 다음과 같습니다.

버스 노선을 분홍색, 항공 노선을 주황색으로 나타낼 때 만들 수 있는 노선은 아래 그림과 같습니다. 인접한 도시 사이에 분홍색 노선 5개가 필요하고 나머지 도시 사이에는 주황색 노선 5개가 필요합니다.

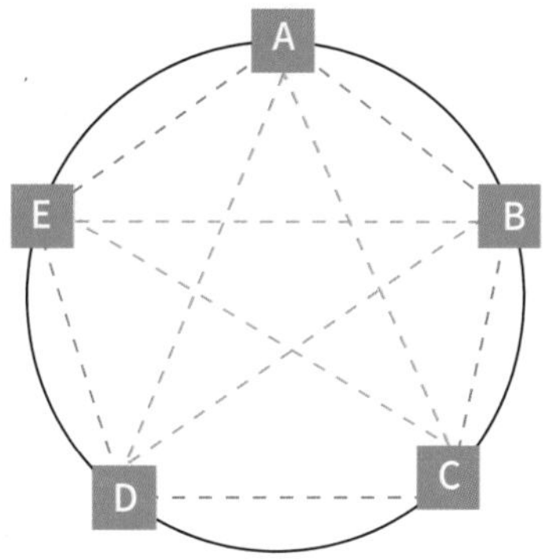

- 버스 노선 5개
- 항공 노선 5개

기초 문제 16

정답 **V1 – V4 – V6**

해설

V1에서 V6로 가는 경로는 다음과 같습니다. (또 다른 경로가 여러 가지 있을 수 있습니다.)

V1 – V2 – V3 – V6

V1 – V4 – V6

V1 – V5 – V6

각각의 경로의 거리를 계산하면 다음과 같습니다.

1. V1 – V2 – V3 – V6: 5+6+5=16
2. V1 – V4 – V6: 8+6=14
3. V1 – V5 – V6: 9+7=16

따라서, 최단 경로는 거리가 14인 V1 – V4 – V6입니다.

기초 문제 17

정답 E – A – B – D – C

해설

최소의 비용으로 배관작업을 하려면 다음 경로로 하면 됩니다.

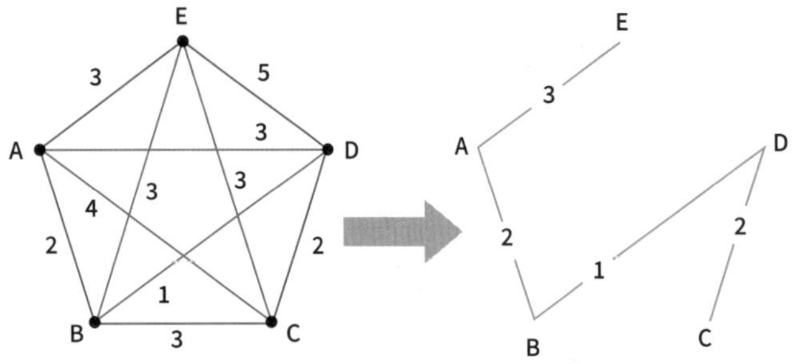

문제에서는 모든 꼭짓점을 잇는 최단 경로를 묻고 있습니다. 주어진 배관을 최소 비용 순으로 나열하면 오른쪽 표와 같습니다.

따라서 낮은 비용 순으로 B – D, A – B, C – D를 선택하면 A – B – D – C를 연결할 수 있습니다. E가 연결되기 위한 가장 저렴한 배관은 A – E로 3의 비용이 듭니다.

따라서 배관의 경로는 E – A – B – D – C입니다.

비용	배관
1	B – D
2	A – B
2	C – D
3	A – D
3	A – E
3	B – C
3	B – E
3	C – E
4	A – C
5	D – E

기초 문제 18

정답 ④

해설

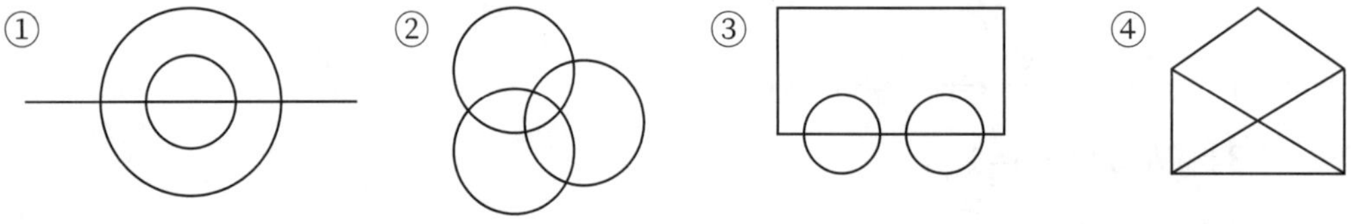

한붓그리기가 가능하려면 그래프의 꼭짓점이 모두 짝수 점이거나 홀수 점이 2개가 있을 때입니다. ④의 홀수 점의 개수가 4개이므로 한붓그리기가 불가능합니다.

기초 문제 19

정답 **빠져나갈 수 없다.**

해설

주어진 방을 정점으로 방과 방 사이를 통과하는 문을 간선으로 표시합니다.

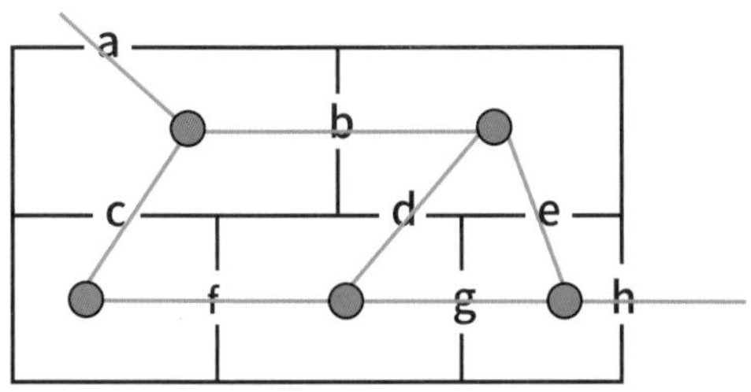

주어진 방을 위와 같이 그래프로 나타낼 수 있습니다. a로 들어가서 h로 빠져나가기 위해서는 한붓그리기가 가능해야 합니다.

한붓그리기가 불가능하므로 a로 들어와 h로 빠져나가는 것은 불가능합니다.

기초 문제 20

정답

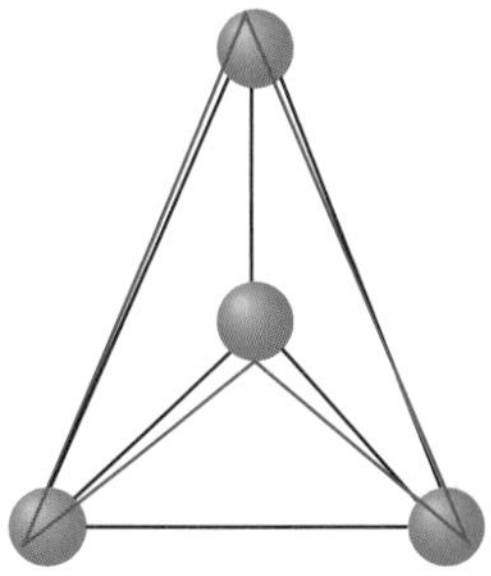

해설

해밀턴 경로는 모든 꼭짓점을 한 번씩 지나는 경로를 말합니다. 그래프는 위 그림과 같은 해밀턴 경로를 가집니다. (해밀턴 경로는 출발했던 자리로 다시 돌아올 필요는 없습니다.)

기초 문제 21

정답 **1. 해설 참조　　2. 4가지 색**

해설

1. 인접한 시도가 같은 색이 되지 않도록 색칠을 하면 다음과 같습니다.

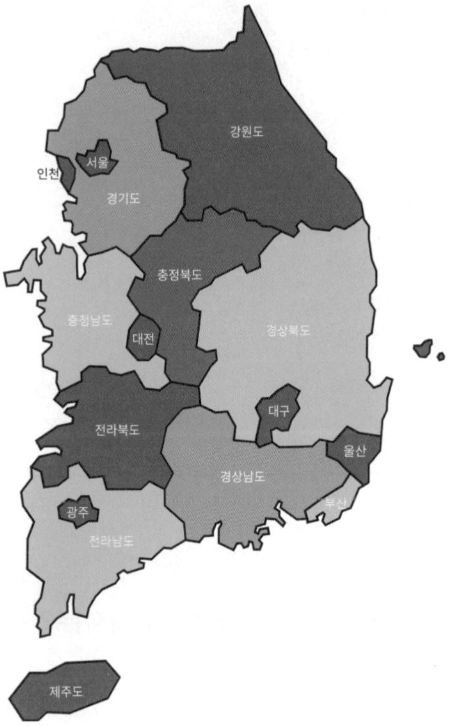

2. 인접한 시도가 같은 색이 되지 않게 색칠하려면 빨간색, 파란색, 녹색, 보라색 4가지 색이면 가능합니다.

기초 문제 22

정답 **24가지**

해설

총 5가지 색을 이용하여 4개의 동그라미를 색칠하는 문제입니다. a부터 순서대로 칠해봅시다.

a에 칠할 수 있는 색상의 수는 총 5가지입니다.
b에 칠할 수 있는 색상의 수는 a에 칠한 색상을 제외한 4가지입니다.
c에 칠할 수 있는 색상의 수는 a, b에 칠한 색상을 제외한 3가지입니다.
d에 칠할 수 있는 색상의 수는 c에 칠한 색상을 제외한 4가지입니다.

따라서, 전체 동그라미를 칠하는 방법은 $5 \times 4 \times 3 \times 4 = 24$입니다.

기초 문제 23

정답 1. 13 2. A 3. B 4. K, L 5. I, J 6. 4 7. 4

해설

1. 노드는 트리를 구성하는 꼭짓점을 말하며 A~M이 꼭짓점으로 노드의 개수는 13개입니다.
2. 루트는 트리인 그래프의 가장 높은 곳에 있는 시작 노드이므로, 이 트리의 루트 노드는 A입니다.
3. 부모 노드는 트리를 구성하는 노드의 한 단계 바로 위에 있는 노드이므로, E의 부모 노드는 B입니다.
4. 자식 노드는 트리를 구성하는 노드의 한 단계 바로 아래에 있는 노드이므로, E의 자식 노드는 K, L 입니다.
5. 형제 노드는 트리를 구성하는 노드에서 부모가 같은 노드이므로, H의 형제 노드는 I, J입니다.
6. 레벨은 루트 노드를 레벨 0으로 시작하여 자식 노드로 한 단계씩 내려갈 때마다 하나씩 증가하는 단계를 말하므로, 이 트리의 레벨은 4입니다.
7. 높이는 트리의 최대 레벨을 말하므로, 이 트리의 높이는 4입니다.

기초 문제 24

정답 1. 레벨 5 2. 레벨 4

해설

이진 트리에서 두 갈래씩 뻗어 나갈 때 Z가 위치한 곳의 레벨을 다음과 같이 트리의 특성을 통해 구합니다.

1. 루트로부터 2갈래씩 뻗어 나갈 때 Z가 위치한 곳의 레벨은 5입니다.

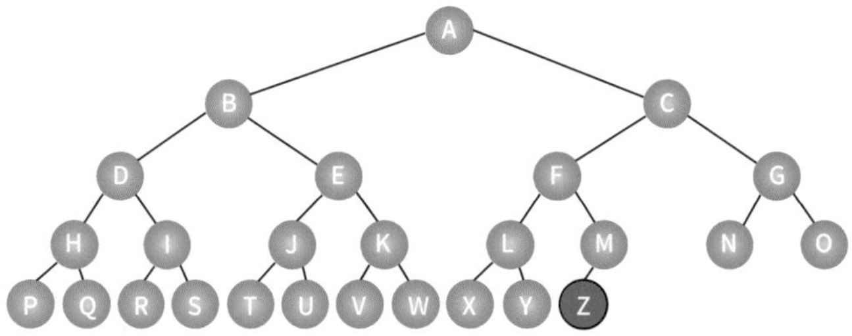

2. 루트로부터 3갈래씩 뻗어 나갈 때 Z의 레벨은 4입니다.

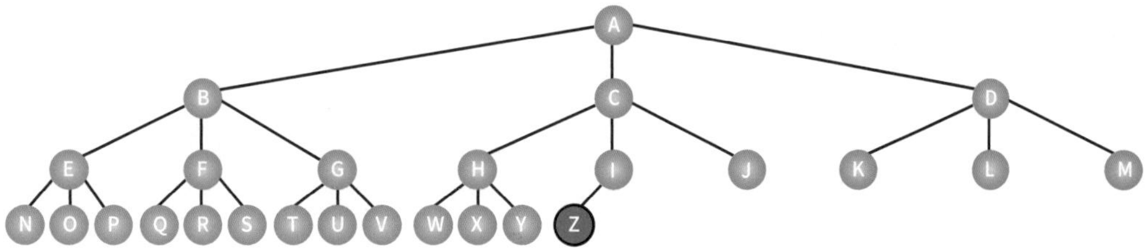

기초 문제 25

정답 28

해설

정해진 깊이에 도달하면 가장 최근 노드의 부모 노드로 되돌아와서 다시 탐색을 수행하는데, 부모 노드로 되돌아오는 과정을 백트래킹이라고 합니다.

- 레벨이 2인 트리를 탐색하는 데 필요한 길이 $=(1+1)\times 2=2^2=4$
  ** (1+1): 루트로부터 1 떨어진 노드를 방문하고 다시 되돌아옴.
  ** ( )×2항: 양쪽에 동일한 모양의 트리가 있으므로 2를 곱한다.

- 레벨이 3인 트리를 탐색하는 데 필요한 길이 $=\{1+(1+1)\times 2\}\times 2=2^2+2^3=4+8=12$
  ** {1+( )}항: 루트로부터 1 떨어진 왼쪽의 하위 트리를 방문하고 다시 되돌아옴.
  ** { }×2항: 양쪽에 동일한 모양의 트리가 있으므로 2를 곱한다.

- 레벨이 4인 트리를 탐색하는 데 필요한 길이
  $=(1+(1+(1+1)\times 2)\times 2)\times 2=2^2+2^3+2^4=4+8+16=28$

기초 문제 26

정답 12

해설

CPU와 그래픽 카드를 모두 구매한다는 공통점이 있으므로, 곱의 법칙을 활용하여 계산합니다.

$3\times 4=12$

기초 문제 27

정답 12, 13, 21, 23, 31, 32

해설

수형도를 이용해 풀어 보면 다음과 같습니다.

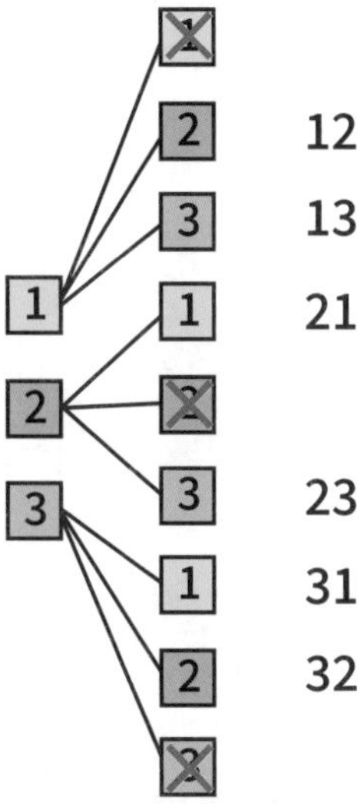

서로 다른 숫자를 선택해야 하므로 수형도에서 × 표시한 카드(중복되는 수)를 지운 후 만들 수 있는 두 자리 수는 12, 13, 21, 23, 31, 32입니다.

기초 문제 28

정답 64

해설

문제를 수형도로 나타내면 아래와 같습니다. 숫자의 중복을 허용하므로 만들 수 있는 수의 개수는 64개입니다.

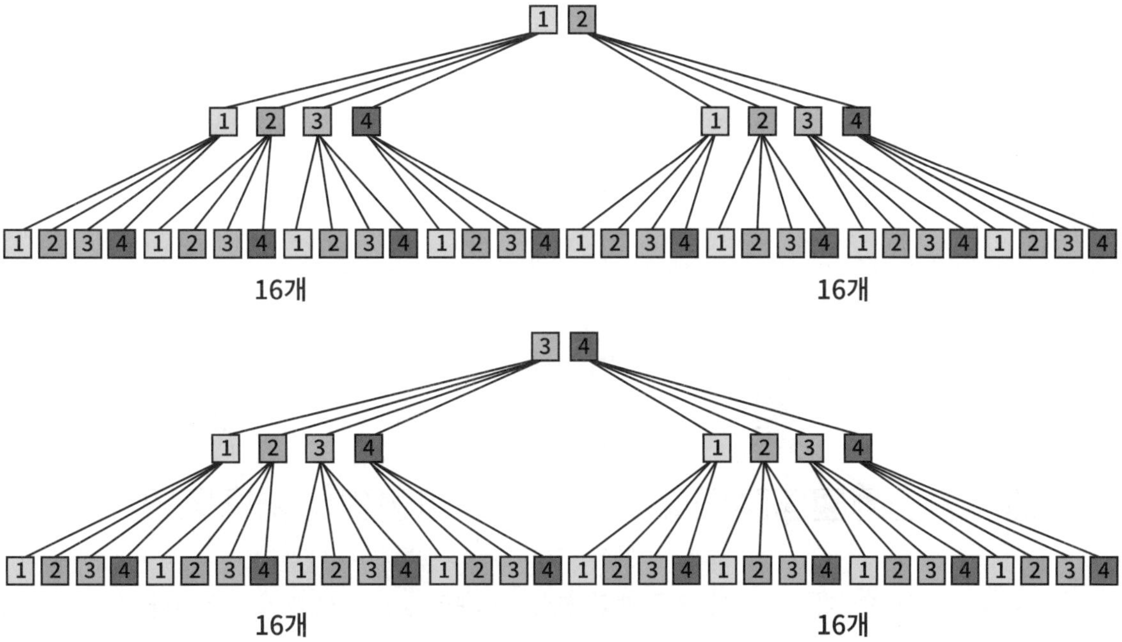

기초 문제 29

정답 4개

해설

문제를 수형도로 나타내면 아래와 같습니다. 중복을 허용하지 않으므로 수형도에서 × 표시한 카드를 지운 후 만들 수 있는 세 자리 수는 4가지입니다.

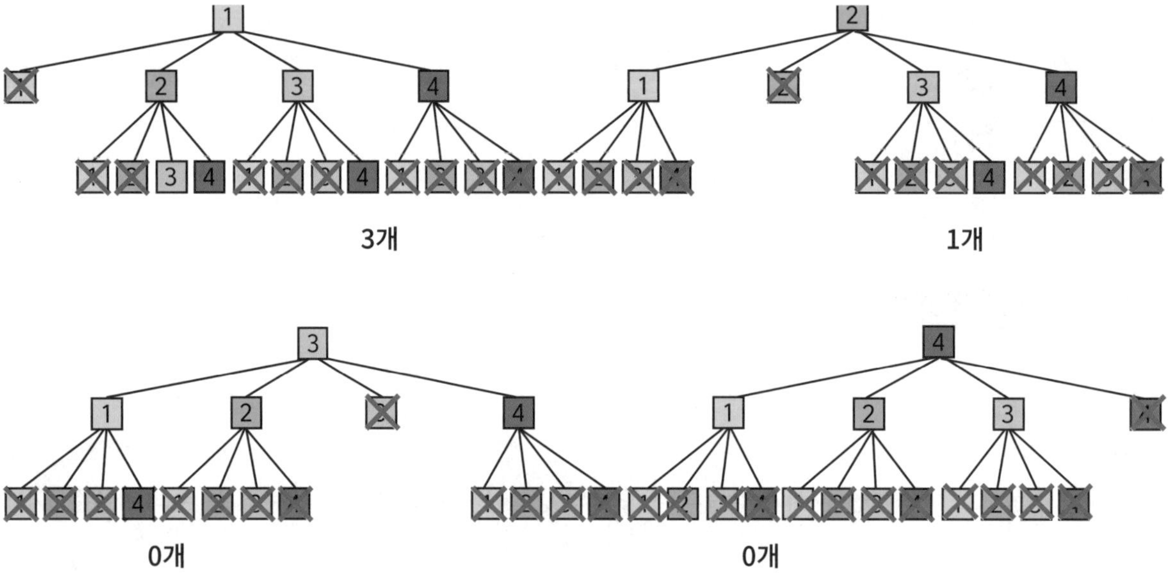

기초 문제 30

정답 35

해설

첫 번째 자리에 1이 나오는 경우를 수형도로 나타내면 다음과 같습니다.

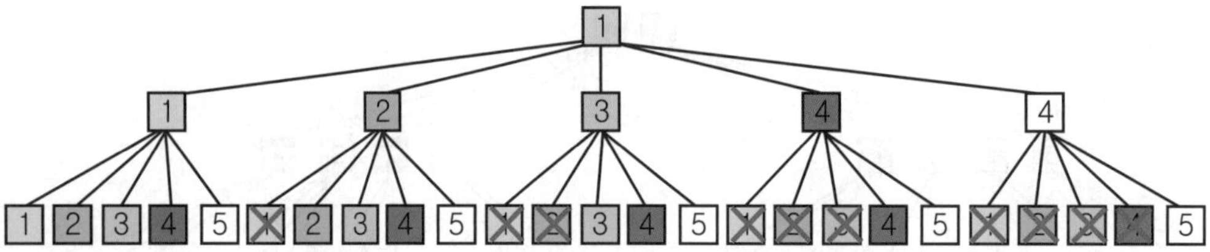

순서를 바꾸어서 같은 수가 나오는 경우를 제외하면, 5+4+3+2+1=15개가 나옵니다.

첫 번째 자리가 2와 3일 때도 동일하게 따져봅니다.

《공식을 이용한 풀이》

${}_5H_3 = {}_{5+3-1}C_3 = {}_7C_3 = \frac{{}_7P_3}{3!} = \frac{7\times6\times5}{3\times2\times1} = 35$가 나옵니다.

기초 문제 31

정답 **5가지**

해설

- 3을 사용할 때

  5=3+2

  5=3+1+1

- 3을 사용하지 않을 때

  5=2+2+1

  5=2+1+1+1

  5=1+1+1+1+1

따라서 위와 같이 5가지 경우가 가능합니다.

기초 문제 32

정답 **1. 7개　2. 61개**

해설

1. 성냥개비의 수를 세어보면 7개가 필요합니다.
2. 최초의 정삼각형은 성냥개비가 3개 필요하고 그 이후부터는 삼각형 하나를 만드는데 성냥개비 2개가 필요합니다. 따라서 삼각형 개수를 x, 성냥개비 개수를 y라 할 때 성냥개비와 삼각형 사이에 다음과 같은 관계가 성립합니다.

   $y=3+2\times(x-1)$

   따라서 성냥개비는 61개가 필요합니다.

기초 문제 33

정답 **5000050000**

해설

자연수에서 처음 수를 a, 마지막 수를 l이라 하면, a부터 l까지 연속된 자연수의 합은 $\frac{n(a+l)}{2}$이므로 1부터 100000까지의 합은 $\frac{100000\times(1+100000)}{2}=5000050000$입니다.

기초 문제 34

정답 89

해설

피보나치 수열은 앞의 두 개의 항의 합이 그다음 항의 값이 됩니다. 이를 이용하여, 첫 두 수가 1, 2로 시작하는 피보나치 수열을 구하면 다음과 같습니다.

$1+2=3$

$2+3=5$

$3+5=8$

$5+8=13$

$8+13=21$

$13+21=34$

$21+34=55$

$34+55=89$

따라서, 10번째 수는 89입니다.

기초 문제 35

정답 35가지

해설

시작점부터 갈래 길에 이르는 길의 경우의 수를 적어 나갑니다. A에서부터 오른쪽으로 직진하는 길과 위로 직진하는 길은 모두 한 가지 길밖에 없고, 두 길이 만나는 모퉁이는 두 길의 경우의 수의 합과 같습니다. 따라서 모든 갈래의 경우의 수를 적으면 오른쪽 그림과 같고, 최단 거리로 갈 수 있는 경우의 수는 35가지입니다.

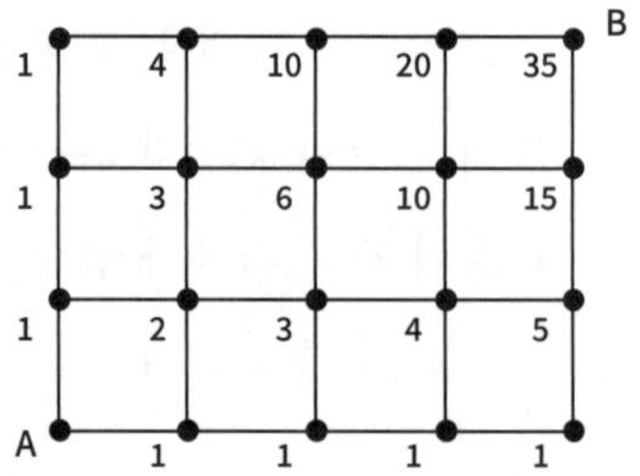

기초 문제 36

정답 18

해설

시작점에서 P지점까지 가는 최단 거리 가짓수와 P지점에서 끝점까지 가는 최단 거리 가짓수를 구하여 곱하면 됩니다. 왜냐하면, 두 경우 모두 시작점에서 끝점으로 가는 사건과 관련이 있기 때문입니다.

시작점에서 P지점까지 가는 최단 거리 가짓수는 3가지입니다.

P지점에서 끝점까지 가는 최단 거리 가짓수는 6가지입니다.

따라서, 최단 거리 가짓수는 $3\times6=18$입니다.

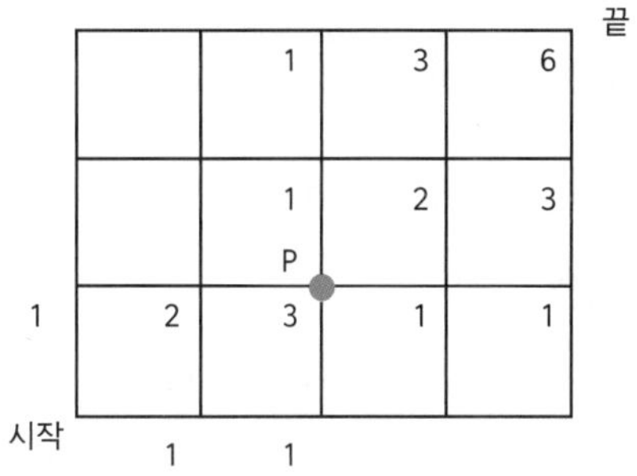

기초 문제 37

정답 126

해설

가로 방향 길의 가짓수는 4가지, 세로 방향 길의 가짓수는 5가지이므로, 같은 것이 있는 순열의 공식을 이용하면 다음과 같습니다.

$$\frac{(4+5)!}{4!\times5!}=\frac{9\times8\times7\times6\times5\times4\times3\times2\times1}{(4\times3\times2\times1)\times(5\times4\times3\times2\times1)}=126$$

기초 문제 38

정답 해설 참조

해설

1부터 100까지 숫자 중 홀수의 합계를 구하는 알고리즘의 순서도는 아래와 같습니다.

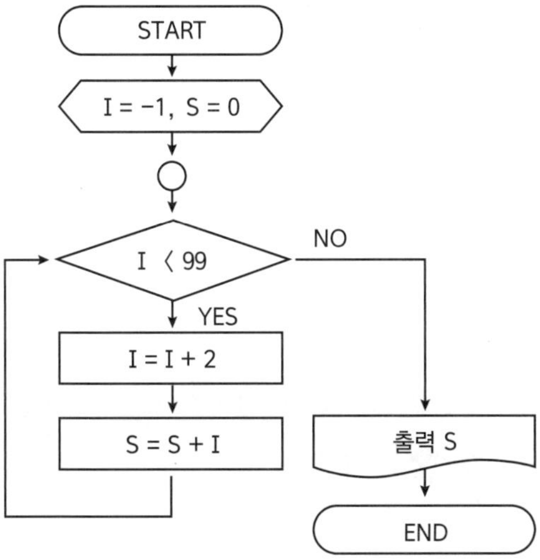

기초 문제 39

정답 1. $\frac{2}{9}$ 2. $\frac{11}{12}$

해설

1. 합이 4인 경우의 수: $(1, 3), (2, 2), (3, 1)$

   합이 6인 경우의 수: $(1, 5), (2, 4), (3, 3), (4, 2), (5, 1)$

   합이 4 또는 6이 될 확률은 다음과 같습니다.

   (합이 4일 확률)+(합이 6일 확률)

   $=\frac{3}{6\times 6}+\frac{5}{6\times 6}=\frac{8}{36}=\frac{2}{9}$

   따라서, $\frac{2}{9}$ 입니다.

2. 전체 확률 1에서 2개의 주사위의 합이 4 미만인 확률을 빼면 됩니다.

   주사위의 합이 4 미만인 경우는 2와 3입니다.

   합이 2인 경우의 수: $(1, 1)$

   합이 3인 경우의 수: $(1, 2), (2, 1)$

   따라서, 합이 4 이상이 될 확률은 다음과 같습니다.

   1−(합이 4 미만일 확률)

   $=1-(\frac{1}{36}+\frac{2}{36})=1-\frac{3}{36}=\frac{33}{36}=\frac{11}{12}$

   따라서, $\frac{11}{12}$ 입니다.

기초 문제 40

정답 **1. 15회** **2. 4회**

해설

1. 다음 그림과 같이 70개의 구슬이 주머니에 있습니다. 구슬을 7회 뽑는다면 적어도 모든 색깔의 구슬을 뽑을 수 있고, 14회 뽑는다면 적어도 모든 색깔을 2개씩 뽑을 수 있습니다.

따라서 15회 뽑는다면 적어도 한 가지 색깔의 구슬을 3개 꺼낼 수 있습니다.

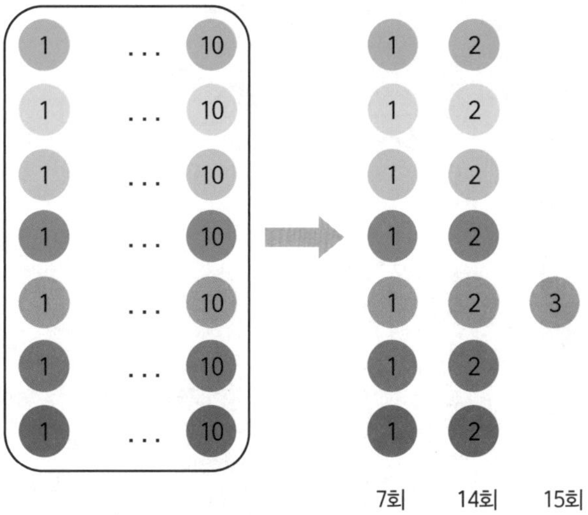

2. 30개의 양말이 서랍에 있습니다.
오른쪽 그림과 같이 양말을 3회 뽑으면 적어도 모든 종류의 양말을 한 장씩 꺼낼 수 있습니다. 따라서 4회째 같은 사람의 양말이 항상 2개가 나옵니다.

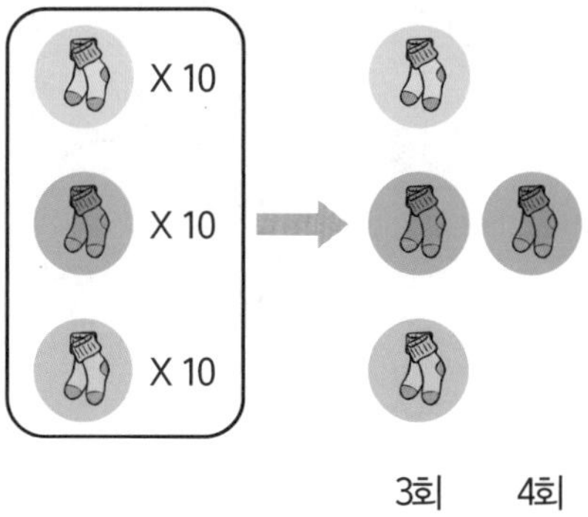

PART III

이산수학 문제해결 전략 풀이

1 2019년도 정보올림피아드 1차 유형1 이산수학 문제 풀이

[유형 1] _ 1번

정답 ②

해설

a, b, c 순서로 크기가 결정된다면, a:b, b:c, c:a의 크기를 부등식으로 비교해 봅시다. 서로 다른 수들을 항상 순서대로 나열하고 싶다면 비교하는 작업의 횟수를 최대로 늘려야 합니다. 따라서 비교하고자 하는 수의 개수가 n개이면, n번 비교해야 합니다. 예를 들어, $a>b$, $b>c$, $a>c$라면 크기 순서는 $a>b>c$로 결정됩니다.

따라서, 3개의 수를 비교하는 작업에는 최소 3번 비교해야 합니다.

[유형 1] _ 2번

정답 ④

해설

다음과 같이 5명의 관계를 그래프로 나타낸 다음 최소 시간을 따져 봅시다.

서로 다른 다섯 명이 일대일로만 인사를 할 때, 총 10번 인사해야 합니다. 다섯 명은 두 명씩 두 쌍을 만들 수 있으므로 1분 동안 최대 2번의 인사를 한 번에 할 수 있습니다. (예: A와 B끼리 인사 / C와 D끼리 인사 / E 인사 ×) 따라서, 5번의 행동만 반복하면 10번의 인사를 모두 할 수 있으므로 필요한 최소 시간은 5분입니다.

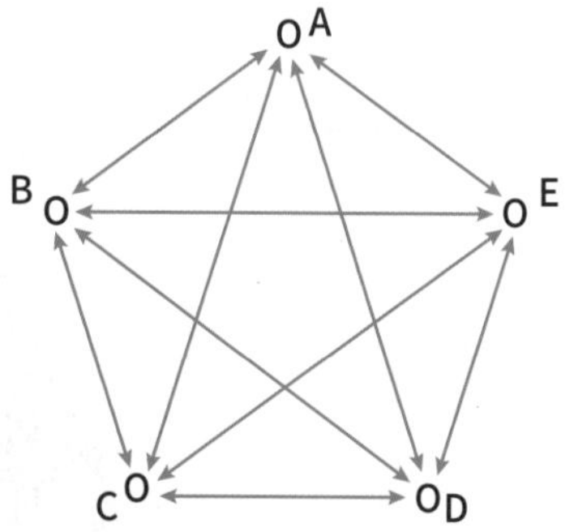

[유형 1] _ 3번

정답 ④

해설

다음의 예와 같이 2개의 원에 대해 표시할 수 있는 경우의 수는 4가지입니다. 이를 이진법으로 나타내면 10, 11, 01, 00으로 표시할 수 있습니다. 예시와 같은 방식으로 원이 5개인 경우로 확장해서 생각해 봅시다.

각각의 원에 대해 표시할 수 있는 경우의 수는 모두 두 가지입니다. 첫 번째는 원을 칠한 경우이고 두 번째는 원을 칠하지 않은 경우입니다. 문제에서 주어진 원의 개수는 총 5개이고, 각각의 원이 두 가지의 경우의 수를 가지므로 2를 다섯 번 곱하면 됩니다. 즉, 원이 n개가 있다면 2를 n번 곱하면 됩니다.

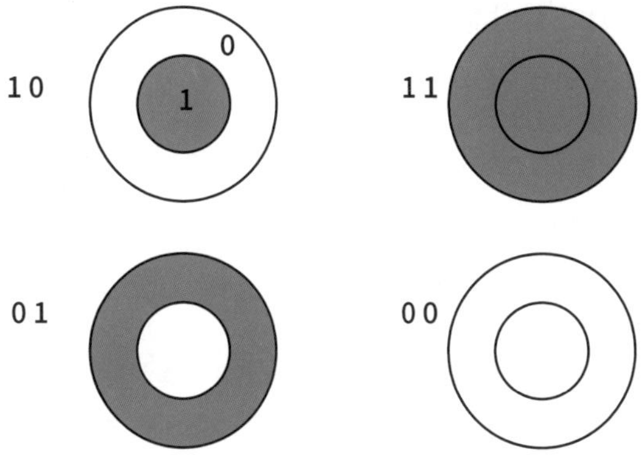

문제에 주어진 예시의 원에서 회색을 1, 흰색을 0으로 생각하여 이진법으로 표시하면 01001로 표현할 수 있습니다.

[유형 1] _ 4번

정답 ③

해설

물통에서 오른쪽 그림의 아래 2칸의 물은 구멍을 통해 빠져나가지 못합니다.
물통 전체의 색칠된 칸은 총 20칸입니다. 그러나, 다음 그림과 같이 파랗게 칠해진 부분(2칸)은 물이 빠져나가지 못하므로 총 18칸의 물만 빠져나갑니다.

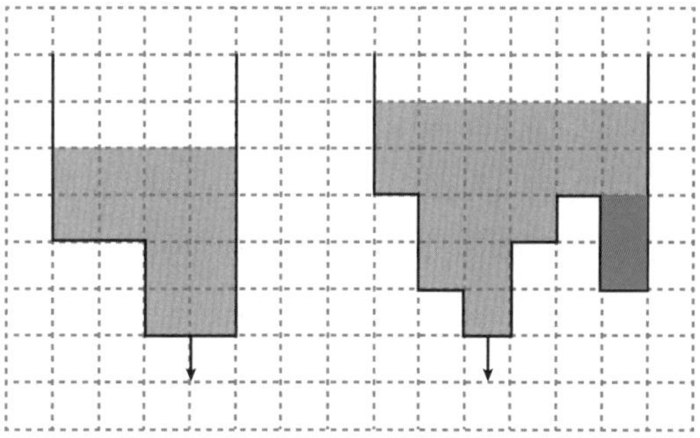

따라서, 물이 더 이상 빠져나가지 않을 때까지 걸리는 시간은 총 18초입니다.

[유형 1] _ 5번

정답 ②

해설

다음 그림과 같이 201~299까지를 시각화해서 박수 횟수를 따져 봅시다. 300일 때도 박수 횟수에 해당하며, 십의 자리와 일의 자리에서 중복되는 수를 빼야 합니다.
먼저, 나올 수 있는 경우의 수가 가장 적은 백의 자릿수를 기준으로 생각해 봅시다. 백의 자릿수로 나올 수 있는 경우는 2와 3, 두 가지입니다.

1. 백의 자릿수가 2인 경우

십의 자릿수가 3, 6, 9일 때 박수를 쳐야 하므로 박수 횟수는 30번입니다. 또한, 일의 자릿수가 3, 6, 9일 때마다 박수를 치므로 박수 횟수는 30번인데, 이때, 십의 자릿수가 3, 6, 9일 때에는 일의 자릿수와 상관없이 박수를 치므로 중복되는 부분을 빼주어야 합니다. 즉, 십의 자릿수와 일의 자릿수가 동시에 3, 6, 9로 중복되는 경우의 수는 9번이므로 백의 자릿수가 2일 경우 총 51(30+30−9)번 박수를 칩니다.

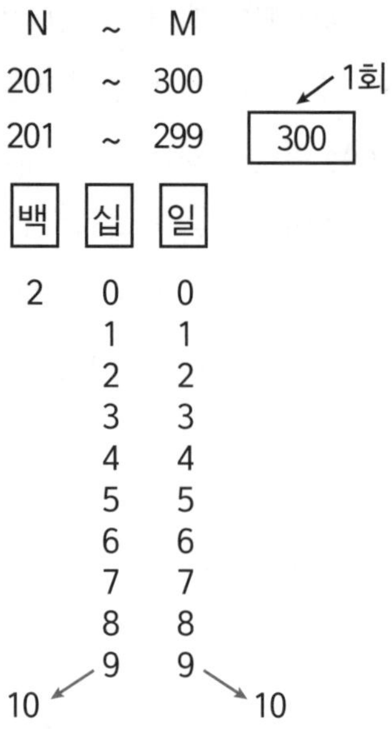

2. 백의 자릿수가 3인 경우

백의 자릿수가 3인 경우는 주어진 숫자 범위 내에서 300 밖에 없으므로 박수를 한 번만 칩니다. 따라서, 1과 2로부터 369 게임이 끝날 때까지 친 박수 횟수는 모두 52번(51+1)임을 알 수 있습니다.

[유형 1] _ 6번

정답 ④

해설

개미들을 각각 a, b, c, d, e라고 합시다. 처음 개미들의 위치는 0, 4, 14, 23, 28의 자리에 있습니다. 2시간이 지났을 때, a, b 개미는 2의 자리에, c 개미는 16의 자리에, d, e 개미는 25, 26에 있습니다. 이와 같이, 시간이 지남에 따라 개미가 움직인 위치를 표시하면서 문제를 해결해 보도록 합시다.

왼쪽부터 순서대로 1~5번의 개미라고 가정해봅시다. 먼저, 가장 먼저 바닥에 떨어지는 개미와 가장 마지막에 떨어지는 개미는 무엇일지 생각해 봅니다. 가장 먼저 바닥에 떨어지는 개미는 가장자리에 있는 1번 또는 5번 개미일 것입니다.

문제해결 전략에 따라 시각에 따른 개미의 위치를 확인하여 1번과 5번 개미 중 더 먼저 떨어지는 개미일지 확인해 봅니다. 가장 먼저 바닥에 떨어지는 개미는 가장 왼쪽에 있는 1번 개미로, 5시간이 걸려 바닥에 떨어집니다. 가장 마지막에 떨어지는 개미는 3번 개미입니다. 그 이유는 가장자리의 개미가 먼저 떨어져야 가운데에 있는 3번 개미가 떨어질 수 있기 때문입니다. 그렇다면, 이제 3번 개미가 바닥에 떨어지는 데 걸리는 시각을 구해봅시다.

1. 시각 0일 때 개미의 위치

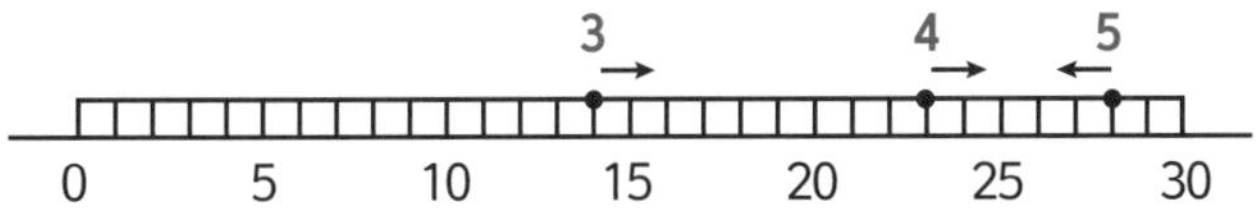

4번 개미가 5번 개미를 만나 다시 3번 개미로 가는 방향으로 바꾸는 데에는 2시간 30분이 걸립니다.

2. 시각 2.5일 때 개미의 위치

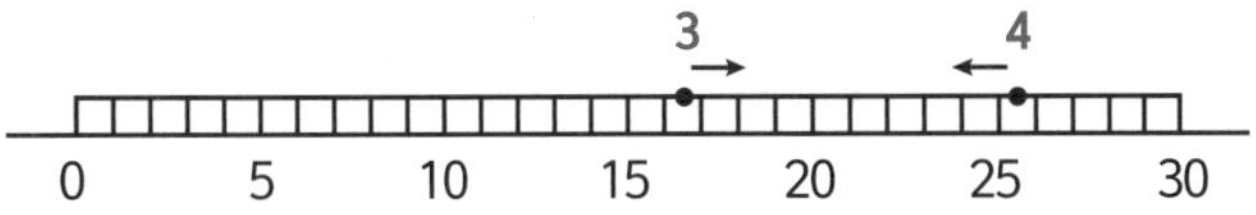

3번 개미가 4번 개미를 만나(3번 개미: 16.5의 위치, 4번 개미: 25.5의 위치) 다시 2번 개미 쪽으로 방향을 바꾸는 데에 4시간 30분이 걸립니다.

3. 시각 7일 때 개미의 위치

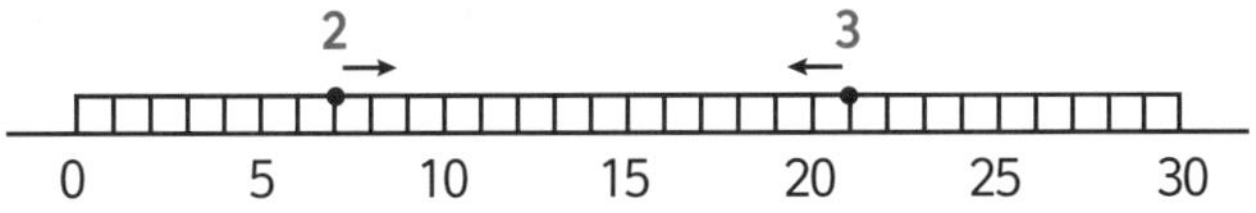

3번 개미가 2번 개미를 만나 오른쪽으로 출발하기까지 7시간이 걸립니다.

4. 시각 14일 때 개미의 위치

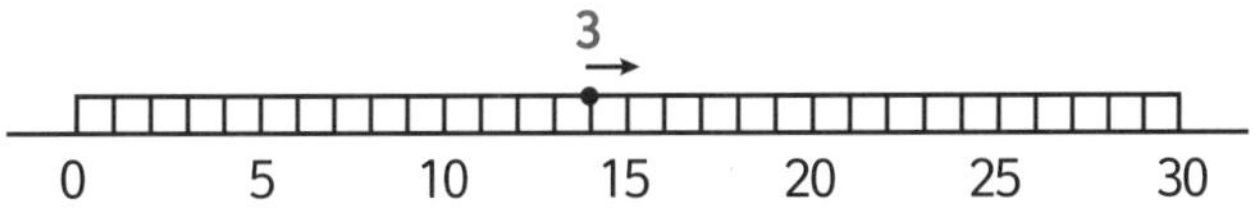

3번 개미가 오른쪽 끝(위치 30)까지 가는 시간은 16시간입니다.

5. 시각 30일 때 개미의 위치

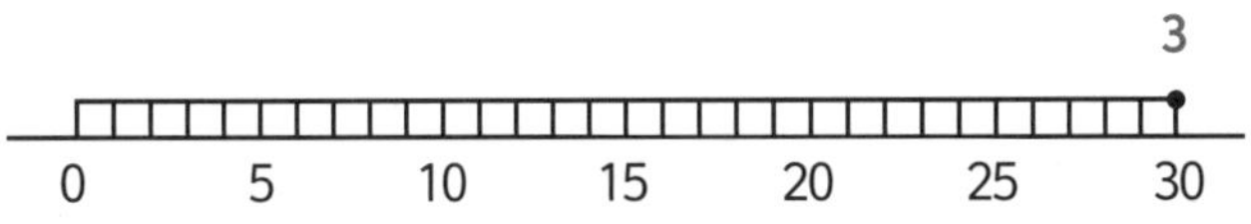

3번 개미가 바닥에 떨어지는 데 걸린 시간은 1시간입니다.

3번 개미가 바닥에 떨어지는 데 걸린 시간은 2.5+4.5+7+16+1=31시간

1번 개미가 바닥에 떨어지는 시간은 5시간이므로 두 시간의 차이는 26시간입니다.

[유형 1] _ 7번

정답 ②

해설

개미가 멈추는 경우의 수는 4가지입니다.

- 바깥 경계를 만날 경우
- 다른 개미와 만날 경우
- 다른 개미가 지나갔던 경로를 만날 경우
- 두 개미가 동시에 만나는 경우

예시) 2초가 지났을 때 개미들이 지나간 경로

아래 그림은 2초가 지났을 때 지나간 경로를 표시한 것입니다. 이와 같이 계속해서 3초 이상 지나간 경로를 표시해서 멈추는 경우를 표시해 봅니다.

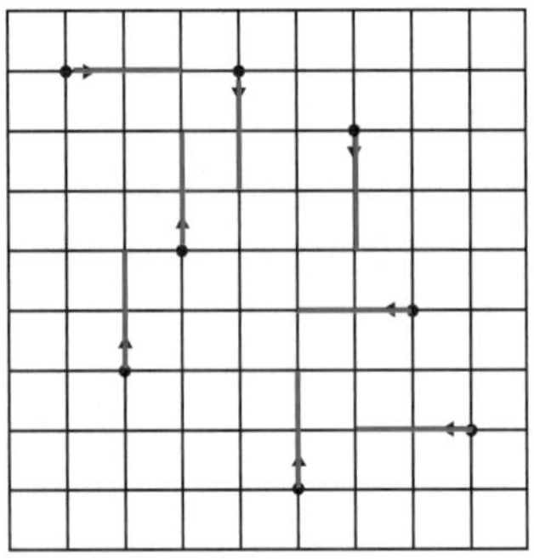

아래 그림에서 처음 개미의 위치를 1번~ 8번으로 표시했습니다.

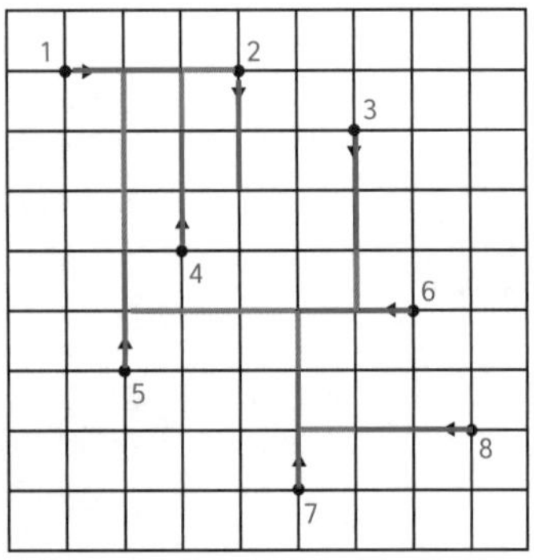

빨간색 선은 처음 2초 동안 개미가 이동한 선입니다. 파란색 선은 2초 이후 지나간 선입니다. 다른 개미와 만나거나, 다른 개미가 지나간 경로를 만나는 경우, 두 개미가 동시에 만나는 경우 파란색은 멈춥니다. 최대로 이동한 경우는 5번 개미와 6번 개미로서 5초 이동 후 멈춥니다.

따라서 모든 개미가 멈추는 데 걸리는 시간은 5시간입니다.

[유형 1] _ 8번

정답 ③

해설

9글자 길이의 회문의 예는 다음과 같고, 가운데 a를 기준으로 거꾸로 읽어도 같은 글자가 됩니다.

abbcacbba

9글자 길이의 회문을 만드는 경우는 앞 5글자를 중복을 허용하여 나열하는 순열의 수와 같습니다. 왜냐하면, 9글자의 회문을 만들기 위해서는 앞의 4글자와 뒤의 4글자가 같아야 하고. 5번째의 글자 즉, 가운데 글자는 어떠한 글자가 들어가도 상관이 없기 때문입니다.

따라서, 앞의 5글자만 선택하면 9글자 길이의 회문을 만들 수 있습니다. 그러므로 이 문제는 a, b, c를 이용해 5글자 길이의 중복을 허용하고 순서가 있는 단어를 만드는 것과 같습니다.

각 자리에 들어갈 수 있는 문자는 a, b, c 세 개이므로 243개의 문자를 만들 수 있습니다.

[유형 1] _ 9번

정답 19

해설

다음과 같이 주어진 규칙에 따라 빼기 연산을 해서 0이 될 때까지의 횟수를 구합니다.

① 40−4=36 ② 36−3=33 …

문제에 주어진 예시에서 빼기 연산은 가장 높은 자릿수가 일의 자리가 되었을 때 0이 된다는 사실을 알 수 있습니다. 이를 바탕으로 40을 일의 자릿수까지 내리는 데 연산이 얼마나 걸리는지 구하면 됩니다.

빼기 연산 횟수를 A라면 연산과정과 결과는 오른쪽 표와 같습니다.

따라서, 40은 최소 19번의 빼기 연산을 해야 합니다.

빼기 연산 횟수(A)	연산 과정 및 결과
1	40-4=36
2~4	36-3-3-3=27
5~8	27-2-2-2-2=19
9~18	19-1×10=9
19	9-9=0

[유형 1] _ 10번

정답 9번

해설

• 오른쪽 그림과 같이 문제를 시각화하여 나타내봅시다.
  ① 어린 토끼 쌍은 색칠한 동그라미와 세모로 나타냅니다.
  ② 벨이 한 번 울리면 흰색 동그라미와 세모 한 쌍(어른 토끼 쌍), 색칠한 동그라미와 세모 한 쌍(어린 토끼 쌍)으로 변합니다.

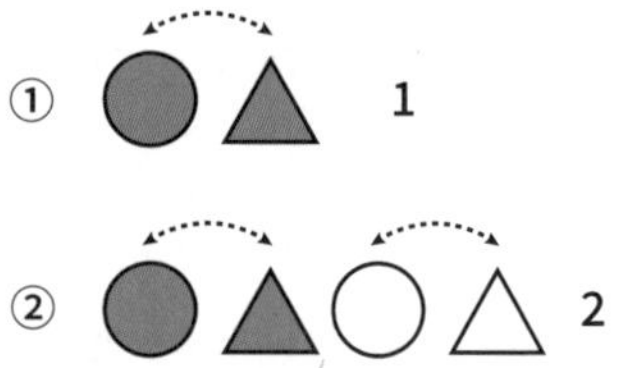

• 피보나치 수열을 생각해 봅니다.
  어른 토끼와 어린 토끼는 각각 1번째와 2번째 항이 1인 피보나치 수열의 n번(마법의 벨을 울린 수)째 항과 $(n-1)$ 번째 항을 따릅니다. 토끼 쌍이 50쌍 이상이 되기 위해서는 피보나치 수열의 n 번째 항과 $(n-1)$ 번째 항의 합이 50을 넘으면 됩니다. 다시 말해, $(n+1)$ 번째 항이 50이 넘으면 되는 것입니다.
  첫째 항과 둘째 항이 모두 1인 피보나치 수열의 항을 나열하여 몇 번째 항부터 50이 넘는지 확인해 봅시다.

피보나치 항	1	2	3	4	5	6	7	8	9	10
토끼 쌍	1	1	2	3	5	8	13	21	34	55

  위의 표에서 확인할 수 있듯이 50이 넘는 피보나치 수열의 항은 10번째 항에서 처음으로 나타납니다. $(n+1)$이 10이므로 n은 9가 됩니다. 즉, 토끼 쌍이 50 이상이 되려면 최소 9번의 벨을 울려야 합니다.

[유형 1] _ 11번

정답 ⑤

해설

• 삼각형 형태의 예 → 삼각형을 만든 후, 각의 크기를 따져 보면 한 변의 중점에서 만나는 각의 크기는 $60\times3=180$도로 주어진 조건을 만족하는 것을 알 수 있습니다.

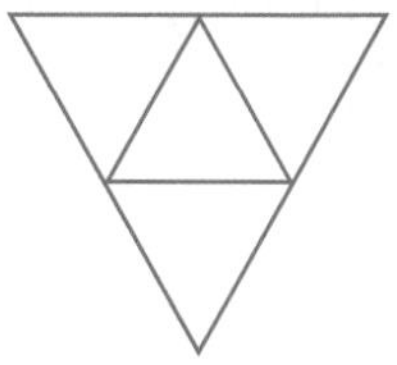

• 사각형, 오각형, 육각형, 칠각형 형태를 만들어 본 후, 각의 크기를 따져 만들 수 없는 경우를 따져 봅니다.

먼저 볼록 다각형의 정의는 내각이 180도가 넘지 않는 각으로만 이루어진 다각형입니다. 정삼각형으로 볼록 다각형을 만들 경우 내각은 60도 또는 120도만 가능합니다. 만약 60도와 120도로 다각형 내각의 합을 맞출 수 있다면, 그 볼록 다각형을 만들 수 있습니다.

N각형	내각의 합	만들 수 있는가?
삼각형	180=60+60+60	예
사각형	360=120+60+120+60	예
오각형	540=120+120+120+120+60	예
육각형	720=120+120+120+120+120+120	예
칠각형	900	아니오

[유형 1] _ 12번

정답 1

해설

다음과 같이 개수를 따져 봅시다.

1~9: 1×9=9개　10~99: 2×90=180개

100~999　1000~9999　10000~99999　100000~999999

아래의 표는 위의 방식대로 개수를 따졌을 때 총 누적 자릿수입니다.

자릿수	수의 범위	총 자릿수	누적 자릿수
일의 자리	1~9	9×1=9	9
십의 자리	10~99	90×2=180	9+180=189
백의 자리	100~999	900×3=2700	9+180+2700=2889
천의 자리	1000~9999	9000×4=36000	9+180+2700+36000=38889
만의 자리	10000~99999	90000×5=450000	9+180+2700+36000+450000=48889
십만의 자리	100000~99999	900000×6=5400000	588889 (계산 생략)

표에서 알 수 있는 사실은 다음과 같습니다.

- 만의 자리까지 모두 나열했을 때 누적 자릿수가 48,889로, 백만 번째 자리 숫자는 십만 자릿수의 숫자 중 하나임을 알 수 있습니다.
- 십만 자릿수의 수는 나열할 때 6개의 자리를 차지합니다.
- 백만 번째 자리에 오는 숫자는 만의 자릿수가 끝난 후부터 511,112번 뒤에 오는 숫자입니다.

따라서 511,112를 6으로 나누어 몫과 나머지를 확인합니다. 몫은 85,168이고 나머지는 4입니다.
위의 내용을 종합하면 백만 번째 자리에 오는 숫자는 185,168의 앞에서부터 4번째 자릿수인 1입니다.

2 2020년도 정보올림피아드 1차 유형1 이산수학 문제 풀이

[유형 1] _ 1번

정답 ②

해설

거듭제곱의 크기가 큰 경우는 앞부분의 수를 나누면서 나머지의 패턴을 발견합니다.

예시)

$3^1 \div 5 \rightarrow 3$(나머지)　　$3^2 \div 5 \rightarrow 4$ (나머지)

$3^3 \div 5 \rightarrow 2$(나머지)　　$3^4 \div 5 \rightarrow 1$(나머지)

이후, 2020을 패턴의 마디를 통해 나누는 형식으로 구하면 됩니다.

3의 n제곱수를 5로 나누었을 때 나머지는 오른쪽 표와 같습니다. 표를 보면 3의 n제곱수를 5로 나눈 나머지가 3, 4, 2, 1이 반복되는 것을 알 수 있습니다.

3의 n제곱수	5로 나눈 나머지
3^1	3
3^2	4
3^3	2
3^4	1
3^5	3

따라서 2020은 $2020=4\times505$, 즉 4의 배수에 해당하므로 나머지가 1이 됩니다.

[유형 1] _ 2번

정답 ⑤

해설

아는 사람의 목록을 정리하면 다음과 같습니다.

A: (B, C, D, E) → 4명　　　B: (A, C, D) (A, C, E) (A, D, E)

B가 3명을 아는 경우는 위의 3가지 경우가 있으므로 이를 바탕으로 C, D, E가 아는 경우를 따져 봅니다.

먼저 경우의 수가 가장 적은 A의 아는 사람 목록부터 살펴봅시다. A가 4명을 안다는 것은 A는 B, C, D, E를 모두 아는 것을 의미합니다.

위 전제하에 B가 3명을 안다면 B의 아는 사람 목록이 될 수 있는 경우는 (A, C, D), (A, D, E) 또는 (A, C, E)입니다. 각각의 경우에 대해 논리적으로 모순이 있는지 확인해 봅시다.

1. B가 A, C, D를 아는 경우

C는 A와 B를 알아야 합니다. (2명을 알아야 한다는 전제에 모순 없음)

D는 이 경우 A와 B를 알게 되므로 모순이 발생합니다.

2. B가 A, D, E를 아는 경우

C는 한 명만 알게 되고, D와 E는 두 명을 알게 되는 모순이 발생합니다.

3. B가 A, C, E를 아는 경우

E가 두 명(A, B)을 알게 되는 모순이 발생합니다.

따라서 위의 세 가지 어떤 경우라도 문제의 조건을 만족시키는 전제가 없으므로 정답은 '0'입니다.

[유형 1] _ 3번

정답 ④

해설

5판 3승제에서 이기는 경우는 차례대로 AAA, AABA 등이 있습니다.
현재 A가 1승 0패이므로 A가 최종 승리하기 위해서는 남은 4판 중 2판을 이겨야 합니다. 4판 중 2판을 이기는 경우의 수를 구해봅니다.

두 번째	세 번째	네 번째	다섯 번째
A	A		
A	B	A	
A	B	B	A
B	A	A	
B	A	B	A
B	B	A	A

표와 같이 A가 4판 중 2판을 이기는 경우의 수는 총 6가지입니다. 따라서, 정답은 '6'입니다.

[유형 1] _ 4번

정답 ④

해설

오른쪽 그림과 같이 r, R의 값이 주어질 때 R/r이 6바퀴 도는 데 걸리는 시간을 구해봅시다.

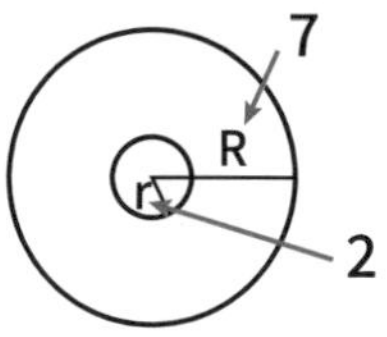

발판과 손잡이의 회전축이 각각 한 바퀴 도는 데 걸리는 시간은 1초, R/r초입니다. 따라서, 손잡이 회전축이 여섯 바퀴 도는 데 걸리는 시간은 $6\times(R/r)$초입니

다. 이때, $R=7$, $r=2$이므로 손잡이 회전축이 여섯 바퀴 도는 데 $6\times\frac{7}{2}=21$초 걸립니다.
따라서, 정답은 '21'입니다.

[유형 1] _ 5번

정답 ①

해설

정사각형 내의 숫자는 이를 둘러싼 지뢰의 숫자를 의미합니다. 즉, 둘러싼 지뢰의 개수를 하나씩 표기하면서 지뢰가 반드시 있어야 하는 자리를 찾아봅니다.
오른쪽 그림은 지뢰를 표기한 예시입니다.

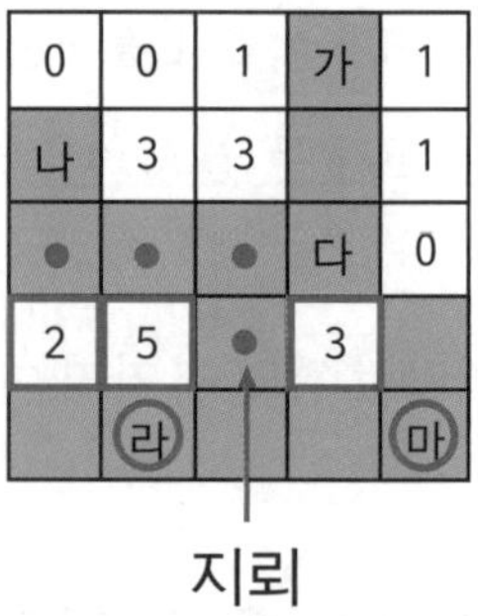

문제 풀이 편의상 가장 왼쪽 위의 칸을 (1(가로), 1(세로))이라고 해봅시다.
문제에 주어진 '가'는 기준점을 토대로 표시하면 (1, 4)라고 할 수 있습니다. 확실하게 얻을 수 있는 단서는 칸에 적힌 숫자가 '0'인 칸입니다. 따라서, (1, 1)과 (3, 5) 칸에 적힌 값이 '0'이므로 이는 '나'와 '다'에는 지뢰가 없다는 것을 의미합니다. 이때, (2, 5) 칸의 값은 '1'로 이는 '가'와 (2, 4), '다' 중 한 군데에 지뢰가 있다는 것을 의미합니다. 그러나, 위에서 이미 (3, 5) 칸을 통해 (2, 4)와 '다'에는 지뢰가 없다는 것을 알 수 있었습니다.
따라서, 위의 사실을 토대로 '가'에는 반드시 지뢰가 있다는 것을 알 수 있습니다.

[유형 1] _ 6번

정답 ②

해설

각 문장을 아래와 같이 분류한 다음 따져 봅시다.

	1번 상자	2번 상자	3번 상자
1문장			
2문장		있다	
3문장	있다		

	1번 상자	2번 상자	3번 상자
1문장		있다	있다
2문장			
3문장	있다		

	1번 상자	2번 상자	3번 상자
1문장		있다	있다
2문장		있다	
3문장		있다	있다

세 가지 문장 중 단 하나만 사실이므로, 각 문장 중 하나만 참, 나머지 두 문장은 거짓이라는 가정을 이용하여 사실인 문장을 찾습니다.

1. 첫 번째 문장만 사실인 경우

첫 번째 문장만 참이라면 두 번째, 세 번째 문장은 거짓이어야 합니다. 그렇게 되면 1번과 2번 상자에 금화가 들어 있어야 하므로 이 전제는 성립할 수가 없습니다.

2. 두 번째 문장만 참인 경우

두 번째 문장만 참이라면 첫 번째, 세 번째 문장이 거짓이어야 하는데 그렇게 되면 모순이 발생합니다.

3. 세 번째 문장만 참인 경우

세 번째 문장만 참이라면 첫 번째, 두 번째 문장이 거짓이 되므로 2번 상자에 금화가 들어 있다는 것을 알 수 있습니다.

따라서, 위의 세 가지 경우를 모두 따졌을 때 정답은 ②입니다.

[유형 1] _ 7번

정답 ⑤

해설

주어진 조건에서 시간에 따른 자동차와 사람의 이동 거리를 오른쪽 표와 같이 놓고 계산해 봅시다. (단, 자동차가 움직일 때 사람도 동시에 이동하는 것으로 계산합니다.)

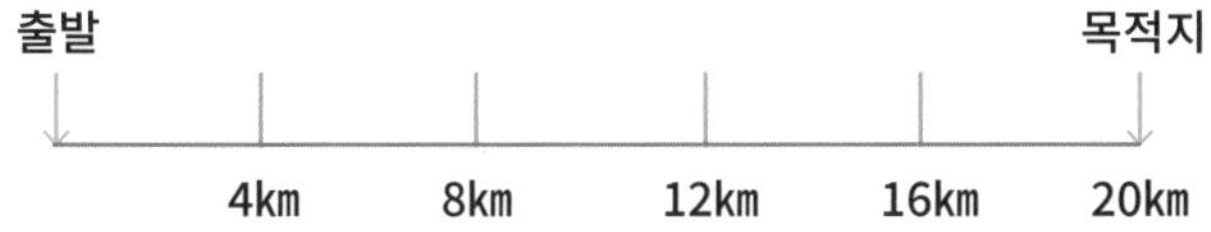

시간	자동차	사람
60분	20km	4km
48분	16km	3.2km
36분	12km	2.4km
24분	8km	1.6km
12분	4km	0.8km

자동차는 한 번에 4명을 이동시킬 수 있으므로 12명 이동시키기 위해서는 자동차가 세 번 운행해야 합니다. 중요한 사실은 도착 시간을 최소화하기 위해서는 자동차가 움직이는 동안 사람들도 움직여야 한다는 것입니다. 첫 운행 시 자동차는 승객 4명을 태우고 12km를 운행한 후 승객을 내려주고 다시 출발점을 향하여 돌아갑니다. 그러면 자동차가 8km만 출발지를 향하여 운행하면 출발점에서 4km를 걸어온 8명과 만나게 됩니다. 이때, 총 이동거리는 20km이고 총 운행시간은 1시간입니다.

두 번째 운행 시에는 4km 지점에서 만난 8명 중 4명을 태우고 다시 목적지를 향하여 출발합니다. 이때도 역시 12km를 운행한 후 16km 지점에 4명을 내려주고 다시 출발점을 향해서 되돌아갑니다. 그러면 출발점에서 8㎞ 떨어진 지점에서 최종적으로 남은 4명을 만나게 됩니다. 이때, 두 번째 운행 시 이동 거리는 20㎞이고 총 운행시간은 2시간입니다.

마지막으로 출발점에서 8㎞ 지점에서 최종적으로 4명을 태우고 12㎞ 운행하여 목적지에 도착하면 동시에 1차 운행 시 탑승한 4명(자동차로 12㎞ 지점까지 오는데 걸린 시간 36분+남은 8㎞ 걷는데 걸린 시간 2시간)과 2차 탑승한 4명(4㎞ 걷는데 걸린 시간 1시간+자동차로 이동한 시간 36분+다시 4㎞ 걷는데 걸린 시간 1시간)이 도보로 동시에 목적지에 도착할 수 있게 됩니다. 이때, 총 운행시간은 2시간 36분이 됩니다.

[유형 1] _ 8번

정답 ④

해설

오른쪽 그림과 같이 $n=4$, $k=2$로 놓고 실제로 주어진 조건에 따라 공을 옮기면서 공의 개수를 따져 봅시다.

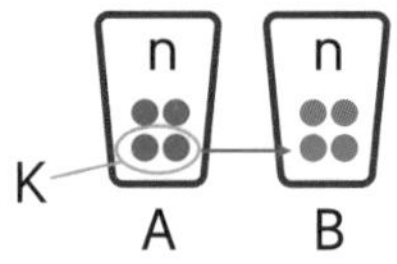

컵 B에서 컵 A로 옮긴 공들 중 빨간 공의 개수를 a개라고 가정해봅시다.

공의 종류 및 개수 / 행위	컵 A		컵 B	
	빨간 공	파란 공	빨간 공	파란 공
처음 상태	n	0	0	n
컵 A에서 컵 B로 빨간 공 k개 옮기기	$n-k$	0	k	n
컵 B에서 컵 A로 임의의 공 k개 옮기기	$(n-k)+a$	$(k-a)$	$(k-a)$	$n-(k-a)$

문제에 제시된 내용을 표로 정리하면 위와 같습니다.
옮긴 후에 컵 A에 있는 파란 공의 개수는 $x=(k-a)$이고, 컵 B에 있는 빨간 공의 개수 $y=(k-a)$이므로 $x=y=(k-a)$임을 알 수 있습니다.

따라서, 정답은 $x=y$입니다.

[유형 1] _ 9번

정답 ②

해설

11원까지 만드는 경우는 오른쪽 그림과 같습니다.
5원, 7원, 10원을 만들 수 있습니다.

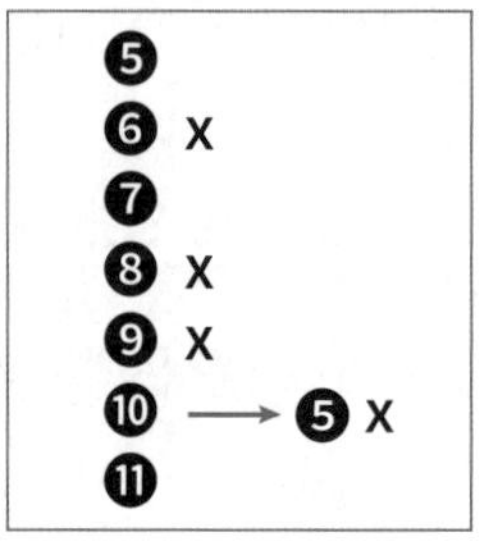

12원 이상도 동전의 조합을 통해 만들어 봅시다.

금액(원)	동전의 조합	정확한 금액을 만들 수 있는가?
13	x	아니요
14	14=7+7	예
15	15=5+5+5	예
16	16=5+11	예
17	17=5+5+7	예

위의 표를 통해 14원 이상이면 정확한 금액을 낼 수 있다는 것을 알 수 있습니다.

따라서, 정답은 '14'입니다.

[유형 1] _ 10번

정답 ④

해설

길이 10인 문자열에 대해 오른쪽 그림과 같이 문자를 나열해 보면서 따져 봅시다.

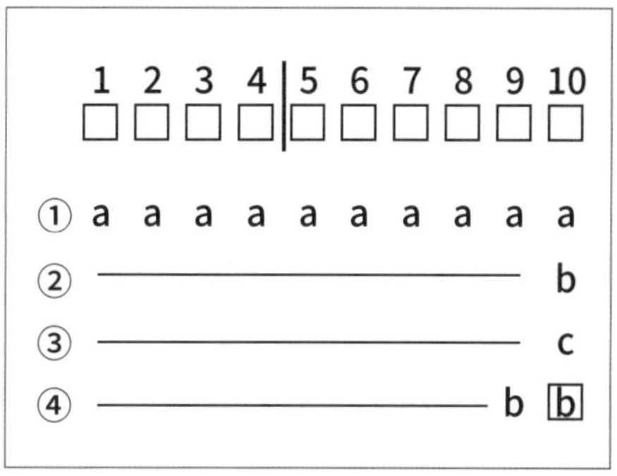

첫 번째 문자열은 aaaaa aaaaa

두 번째 문자열은 aaaaa aaaab

문제의 조건을 토대로 재해석하면 이 문제는 a, b, c 순으로 이루어진 길이 10인 문자열 중 22번째 문자열을 찾는 문제라고 할 수 있습니다.

10번째 자리에서 a, b, c가 오는 경우의 수는 3가지입니다. (aaaaaaaaaa, aaaaaaaaab, aaaaaaaaac)

9번째 자리가 a가 아닌 경우는 bb, bc, cc 등 3가지 경우가 있습니다.

8번째 자리의 a가 아닌 경우는 bbb, bbc, bcc, ccc 등 4가지가 있습니다.

7번째 자리의 a가 아닌 경우는 bbbb, bbbc, bbcc, bccc, cccc 등 5가지가 있습니다.

즉, 9번째 자리의 변화부터는 (자릿수+1) 가지의 문자열이 존재하는 것을 확인할 수 있습니다.

따라서 22번째 자릿수는 3(10번째 자리)+3(9번째 자리)+4(8번째 자리)+5(7번째 자리)+6(6번째 자리)+1이 되므로 5번째 자리의 첫 변화인 aaaabbbbbb가 됩니다.

[유형 1] _ 11번

정답 ②

해설

4를 중심으로 앞뒤로 123을 만드는 경우는 각 3가지씩입니다.

곱의 법칙으로 총 가짓수를 계산합니다.

1 2 3	4	1 2 3
3가지		3가지

이 문제는 숫자열 '1234123'에 대응하는 문자열을 찾는 문제입니다.

문제에서 이미 숫자열 '123'의 가능성에 대하여 3가지로 제시해 주었으며, 이를 통해 24 이상의 두 자리 문자열은 존재하지 않는 것을 알 수 있습니다.

따라서 앞의 '123'이 변할 가능성은 3가지가 있고 각각의 경우에 뒤의 '123'이 변하는 경우 3가지가 있으므로 곱의 법칙에 따라 총 9가지의 경우의 수가 생깁니다.

[유형 1] _ 12번

정답 ①

해설

nim 게임은 영재교육원 출제문제로 자주 나오는 유형으로, 여기서는 마지막으로 돌무더기를 다 치우는 사람이 이기는 게임입니다. 이 게임에서 이기기 위해서는 두 개의 돌무더기 숫자를 같게 만들어 놓은 사람이 항상 이기게 됩니다.

이 게임에서는 두 개의 돌무더기 숫자, 즉 n과 m이 다른 상태에서 A가 선택을 할 수 있어서, 선택을 먼저 하는 A가 두 개의 돌무더기가 같은 수가 되게 만들면 언제나 승리할 수 있습니다.

따라서 정답은 먼저 행동하는 A가 최선의 선택을 한다면 반드시 이기게 됩니다.

※ nim 게임: 성냥개비 같은 것을 쌓아 놓고 차례대로 몇 개씩 덜어내는 내기를 해서, 맨 마지막 것을 누가 집게 되는지를 겨루는 게임.

3 2021년도 정보올림피아드 1차 유형1 이산수학 문제 풀이

[유형 1] _ 1번

정답 ④

해설

곱의 법칙을 이용해 가능한 경우의 수를 구합니다.

곱의 법칙: 두 사건 A, B의 경우의 수가 각각 m, n이라고 하자. 두 사건 A, B가 동시에 일어나는 경우의 수는 $m \times n$이다.

$a=4, b=2$일 때 첫 번째 연산을 적용해봅시다.

1. 첫 번째 연산

- 덧셈인 경우: $4+2=6$
- 뺄셈인 경우: $4-2=2$

첫 번째 연산의 결과, 나올 수 있는 경우의 수는 $\{6, 2\}$입니다.

두 번째 연산을 적용해봅시다.

2. 두 번째 연산

- 곱셈인 경우: $4 \times 2=8$
- 나눗셈인 경우: $4 \div 2=2$
- 나머지 연산인 경우: $4\ mod\ 2=0$

두 번째 연산의 결과, 나올 수 있는 경우의 수는 $\{8, 2, 0\}$입니다.

1의 결과 $\{6, 2\}$와 2의 결과 $\{8, 2, 0\}$을 결합하여 나열하면 다음과 같습니다.

$\{(6, 8), (6, 2), (6, 0), (2, 8), (2, 2), (2, 0)\}$

즉, 2가지×3가지=6가지의 출력이 나올 수 있습니다.

[유형 1] _ 2번

정답 ④

해설

10등이 2개이면 9등은 3개, 8등은 4개, …, 1등은 11개를 나눠주어야 합니다.

→ 이 개수를 모두 더해 봅시다.

10등 수상자에게 2개의 쿠키를 나눠주려면 9등 수상자부터 1개씩 증가된 개수를 나눠주어야 합니다. 즉, 9등부터 차례대로 3, …, 11개를 나누어 주어야 합니다.
따라서, 준비해야 할 최소 쿠키 개수는 다음과 같습니다.

$$2+3+4+5+6+7+8+9+10+11=(2+11)\times(10\div 2)=13\times 5=65$$

따라서, 정답은 65개입니다.

[유형 1] _ 3번

정답 ③

해설

모자를 쓰는 방법의 수는 4!입니다. $N=2$, $N=3$인 경우 모자를 쓰는 방법은 오른쪽 그림과 같이 구합니다. $N=4$일 경우 수형도를 이용해 계산해 봅니다.

아래 표에 4명이 모두 자신의 모자를 겹치지 않게 만드는 방법을 정리하였습니다.

N = 2
① ②
2 1 → ①

N = 3
① ② ③
2 − 3 − 1 → ①
3 − 1 − 2 → ②

실제 모자 위치	①	②	③	④
서 있는 사람 위치	2	3	4	1
	2	4	1	3
	3	1	2	3
	3	1	3	2
	3	4	1	2
	3	4	2	1
	4	1	2	3
	4	3	1	2
	4	3	2	1

따라서, 정답은 '9'입니다.

[유형 1] _ 4번

정답 1089

해설

1. 주어진 네 자릿수를 $xyzw$라고 합시다.
2. $9\times xyzw=wzyx$로 놓고 풀기 시작합니다.
3. $xyzw$는 4자리 수이므로 $1000x+100y+10z+w$라고 할 수 있습니다.

위 순서대로 문제에 접근해 봅시다.

$9\times xyzw=wzyx$에서 $xyzw\to1000x+100y+10z+w$, $wzyx\to1000w+100z+10y+x$를 대입할 수 있습니다.

$9\times(1000x+100y+10z+w)=1000w+100z+10y+x$

위의 식을 만족하는 x, y, z, w를 구하기 전에 몇 가지를 생각해 봅시다.

첫 번째로 주어진 수는 4자리 수이므로 x는 0이 될 수 없습니다. 그리고 거꾸로 바뀌었을 때도 4자리 수이므로 w 또한 0이 될 수 없습니다. 다음으로 주목해야 할 것은 주어진 4자리 수를 거꾸로 바꾸어 9를 곱한 결과도 4자리 수가 나온다는 것입니다. 만약, x가 2 이상의 자연수라면 9를 곱했을 때 한 자리 수로 나올 수 없습니다. 따라서, x는 1이 될 수밖에 없습니다.

$x=1$을 이용하여 위의 식을 다시 정리하면,

$9\times(1000x+100y+10z+w)=1000w+100z+10y+x$

$9\times(1000\times1+100y+10z+w)=1000w+100z+10y+1$이므로 w는 9가 될 수밖에 없습니다. 왜냐하면, x, y, z, w는 모두 0~9 사이의 수이기 때문입니다.

$w=9$를 이용하여 위의 식을 다시 정리하면,

$9\times(1000\times1+100y+10z+9)=1000\times9+100z+10y+1$

$9\times(100y+10z+9)=100z+10y+1$

$900y+90z+81=100z+10y+1$

여기에서, 양변을 정리하면 $890y+80=10z$입니다.

y, z 모두 0~9이므로 y가 1보다 큰 값을 가지면 0~9 사이에 z가 만족하는 값이 없습니다. 따라서, $y=0$이고 그때 z는 8입니다.

따라서, 구하고자 하는 4자리 수 $xyzw$는 1089입니다.

[유형 1] _ 5번

정답 ③

해설

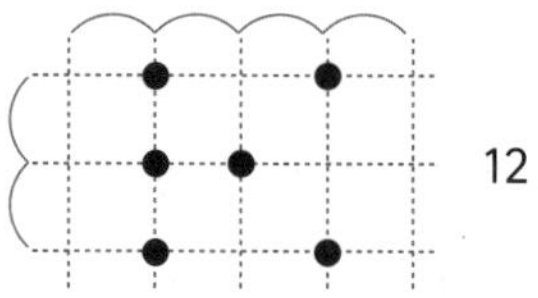

그림과 같이 울타리를 한 경우가 길이 12입니다. 이 대나무의 개수는 6개입니다. → 나무가 더 많이 들어가도록 직사각형 모양의 둘레로 울타리를 쳐봅니다.

단순히 가로와 세로로 직사각형을 이동하면서 수를 세면서 가장 큰 개수를 구하는 문제입니다. 둘레가 12인 직사각형이므로 가로가 4, 세로가 2인 직사각형 또는 가로가 2, 세로가 4인 직사각형을 만들 수 있습니다. 각각의 경우, 직사각형을 이동하면서 가장 큰 개수를 구해봅니다.

1. 가로 4, 세로 2인 직사각형인 경우

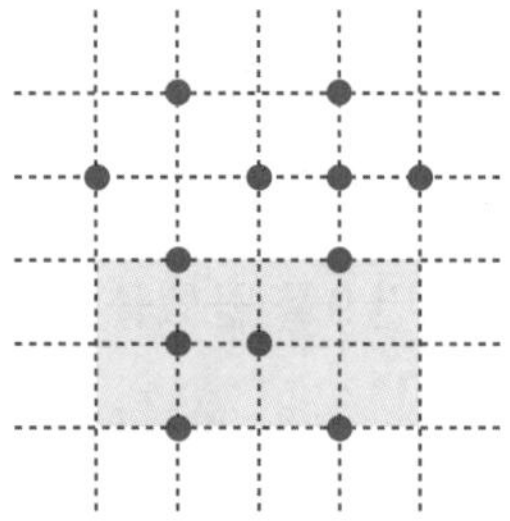	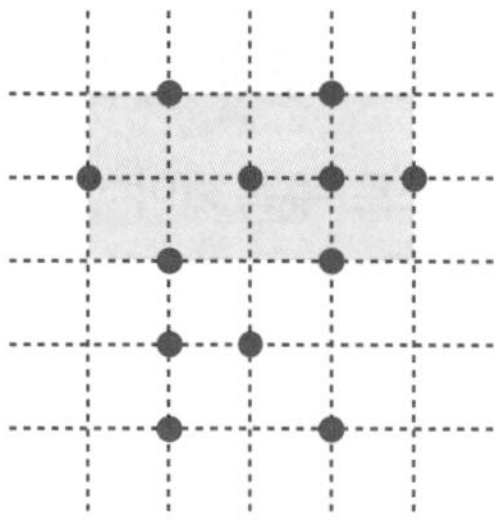	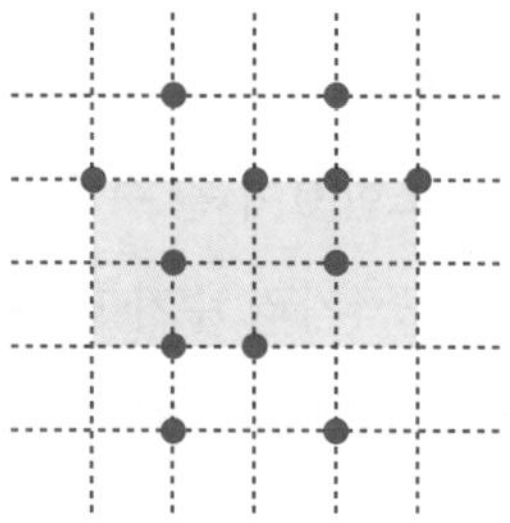
6개	8개	8개

2. 가로 2, 세로 4인 직사각형인 경우

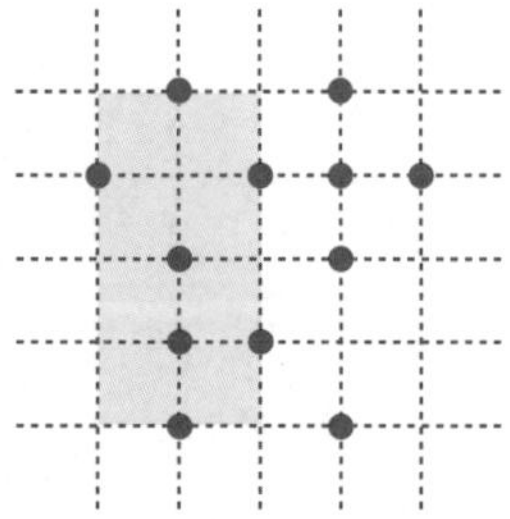	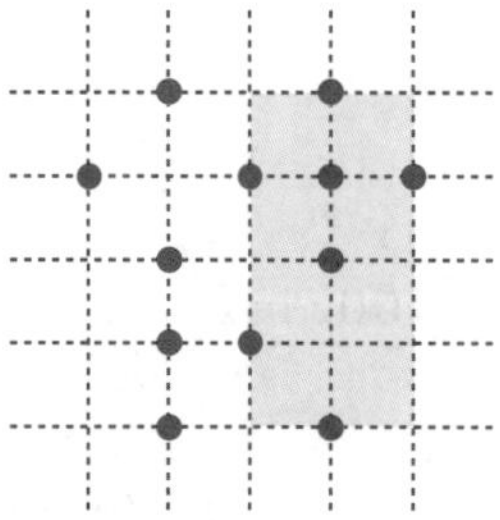	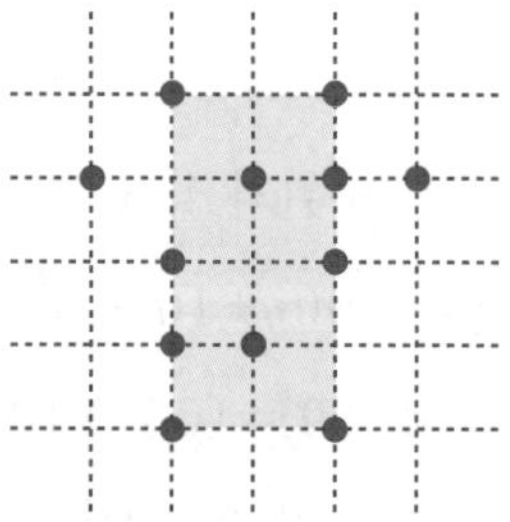
7개	7개	10개

따라서 최대 개수는 10개입니다.

[유형 1] _ 6번

정답 ④

해설

한붓그리기가 가능한 그림은 모두 짝수 점이거나 홀수 점 2개만 있는 경우입니다.

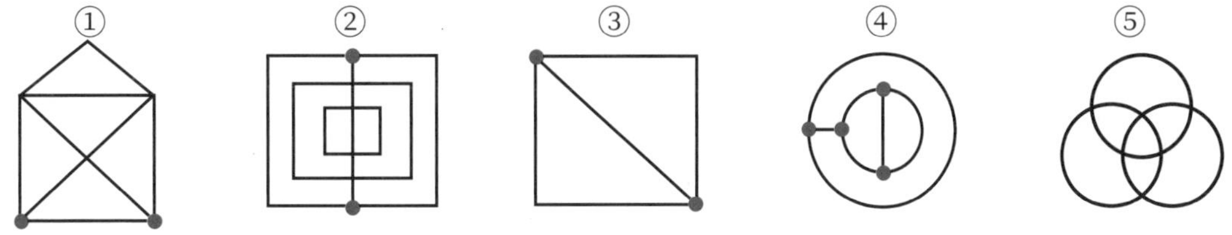

위 그림에 각각 홀수 개의 선이 모인 점만 표시하였습니다. 맨 왼쪽부터 차례대로 2개, 2개, 2개, 4개, 0개로 구성됩니다. 따라서, 한붓그리기가 불가능한 도형은 홀수 점의 개수가 4개인 ④입니다.

[유형 1] _ 7번

정답 ⑤

해설

3L, 7L의 크기를 만듭니다. 7L 통에서 3L 통으로 물을 옮기면 7L에는 4L가 남습니다. → 같은 형식으로 만들 수 있는 물의 양을 구해봅시다.

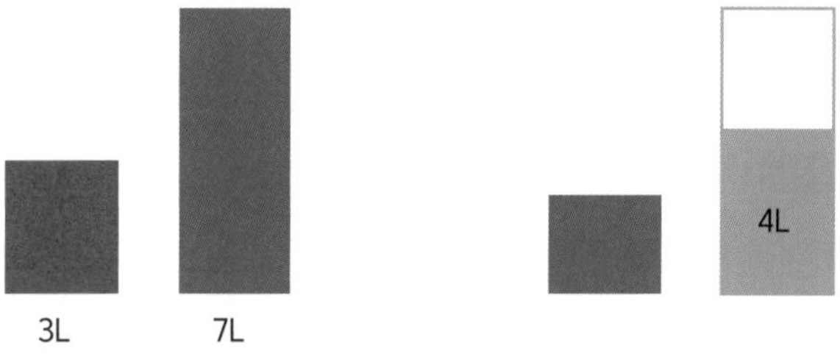

1. 3L, 7L

가장 먼저 3L, 7L의 물통이 있으므로 두 가지 크기를 만들 수 있습니다.

2. 4L

다음으로, 꽉 찬 7L 물통을 비어 있는 3L 물통에 부으면 7L 물통에는 4L만 남게 됩니다. 즉, 4L도 만들 수 있습니다.

3. 1L

여기에서 다시 3L 물통을 비우고 위의 방식대로 7L 물통을 3L 물통에 부으면, 7L 물통에는 1L만 남게 됩니다. 즉, 1L도 만들 수 있습니다.

4. 5L

여기에서 다시 3L 물통을 비우고 이번에는 이미 만든 1L를 3L 물통에 붓고 7L 물통을 다시 꽉 채웁니다. 그다음에, 다시 7L 물통을 3L 물통에 부으면 7L 물통에서 2L만 빠지고 5L가 남게 됩니다. 즉, 5L도 만들 수 있습니다.

5. 2L

3L 물통을 비우고 7L 물통에 남은 5L를 3L 물통이 꽉 찰 때까지 부으면, 7L 물통에는 2L만 남게 됩니다. 즉, 2L도 만들 수 있습니다.

6. 6L

두 물통이 모두 비어 있는 상태에서 3L 물통을 모두 채워 7L 물통에 붓는 행위를 두 번 반복하면 6L를 만들 수 있습니다.

즉, 1~7L 모두 만들 수 있습니다.

[유형 1] _ 8번

정답 ③

해설

6개를 나열해 만들 수 있는 경우의 수는 6!=720가지입니다.

나열의 순서: 1 → ABCDEF 2 → ABCDFE ⋯ 720 → FEDCBA CBADEF는 몇 번째?

여섯 자릿수에 대해 수형도를 통해 구합니다.

CBADEF의 순서를 알아봅시다. ABCDEF부터 오름차순으로 사용됩니다. 총 6개의 문자이며 첫 번째 문자 이후 5개의 문자가 나열되는 총 가짓수는 5!입니다.

따라서, 첫 번째 자리가 A, B인 경우의 수는 각각 5!입니다.

다음으로 첫 번째 자리에 C가 오는 발표순서가 시작됩니다.

C를 제외한 나머지 BADEF만 몇 번째인지 확인하면 됩니다.

위의 방법과 마찬가지로 두 번째 자리에 A가 오는 경우의 수를 계산하면 4!입니다.

세 번째는 A이므로 남은 조에 대해 순서를 정하면 됩니다. 그런데 이때 DEF가 알파벳 순서로 따졌을 때 바로 그다음 순서이므로 총 가짓수는 $2 \times 5! + 4! + 1 = 240 + 24 + 1 = 265$입니다.

따라서, CBADEF는 '265번째'입니다.

[유형 1] _ 9번

정답 ②

해설

다음과 같이 10의 자리까지만 계산해 나갑니다.

$$2^{100}=(2^{10})^{10}=1024^{10}$$

$$24^{10}=(24^2)^5$$

2^{100}이란 수는 매우 큰 수입니다. 그래서 직접 모두 계산하기보단 규칙을 찾는 것이 중요합니다. 이 수의 10의 자릿수를 구하는 것이 목적이므로 백의 자리 이상은 제외하고 생각합니다.

$2^{100}=(2^{10})^{10}=1024^{10}$이고, 백의 자릿수부터는 제외한 $24^{10}=(24^2)^5$에 대해 정리해봅니다.
다시, $(24^2)^5=576^5$이므로 백의 자릿수를 제외한 76^5에 대해 정리해봅니다.
$76^5=76^4\times76=(76^2)^2\times76=5776\times76$이므로 백의 자릿수를 제외한 76×76에 대해 계산합니다.
$76\times76=5776$이므로 이 수의 10의 자릿수는 7입니다.

[유형 1] _ 10번

정답 ③

해설

다음과 같이 사과를 제외하고 각 박스에 다른 과일이 있다고 생각하고 박스를 열어보는 횟수를 세어봅니다.

사과	키위	딸기	참외	포도	자두
사과	딸기	포도	자두	참외	키위

첫 번째 사과 박스를 열면 사과가 들어있으므로 나머지 5개의 박스만 정확하게 알면 됩니다.
두 번째 키위 박스에 들어있을 수 있는 과일의 종류는 사과와 키위를 제외한 나머지 4가지입니다.
이제 사과와 키위 박스를 확인하고 4개의 박스가 남았습니다. 아직도 4개의 박스에 어떤 과일이 들어있는지 정확하게 모르기 때문에 그다음 딸기 박스를 열어봅니다.

이제 사과, 키위, 딸기 박스에 어떤 과일이 들어있는지 확인했습니다. 남은 세 개의 박스에 어떤 과일이 들어있는지 정확하게 모르기 때문에 그다음 참외 박스를 열어봅니다.

이제 사과, 키위, 딸기, 참외 박스에 어떤 과일이 들어있는지 확인했습니다. 남은 두 개의 박스는 포도와 자두 박스입니다. 문제의 정의에 따라 포도 박스에는 포도가 들어가 있지 않기 때문에, 포도 박스에 들어갈 수 있는 과일은 참외 또는 키위입니다. 그리고 자두 박스에는 자두가 들어있지 않기 때문에, 자두 박스에 들어갈 수 있는 과일은 오직 참외밖에 없습니다. 왜냐하면, 이미 앞의 4개의 박스를 확인하였기 때문입니다. 따라서, 자동으로 포도 박스에 무엇이 있는지 알 수 있습니다.

따라서, 최악의 경우 최소 4개의 박스를 열어야 합니다.

[유형 1] _ 11번

정답 ②

해설

조각에서 튀어나온 부분을 오른쪽 그림과 같이 분류해본 후 구해봅니다.

튀어나온 부분의 개수	모양	총 가짓수
0		1
1		1
2		3
3		4
4		3
5		1
6		1

따라서 총 가짓수는 1+1+3+4+3+1+1=14가지입니다.

[유형 1] _ 12번

정답 ④

해설

아래 그림과 같은 사각형 형태를 생각해 볼 수 있으며 각각의 경우에 해당하는 사각형의 수를 세어봅니다.

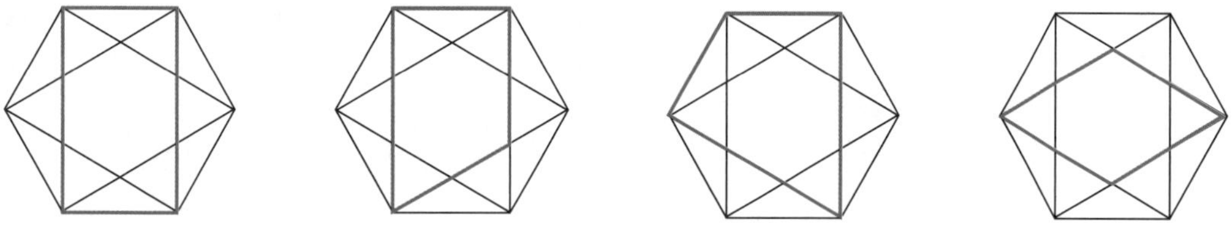

1	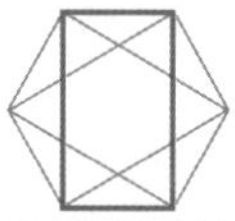	3개
2	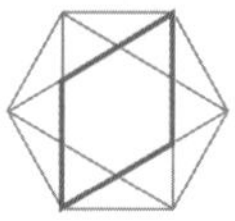	3개
3		6개
4		6개
5	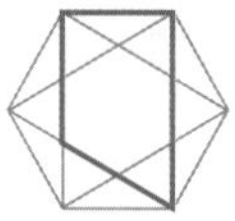	12개

따라서 총 개수는 3+3+6+6+12=30개입니다.

PART IV

이산수학 4개년 기출문제 풀이

1 2014년 정보올림피아드 1차 유형1 이산수학 기출문제 풀이

[1차 대회] _ 1번

정답 ⑤

해설

$(7+77+777+7777+77777) \div 7$

$=(1+11+111+1111+11111) \times 7 \div 7$

$=(1+11+111+1111+11111)=12345$

[1차 대회] _ 2번

정답 ①

해설

A, B, C, D, E는 0이 아닌 한 자리 수이므로 두 수의 합이 0으로 끝나려면 무조건 두 수의 합은 10이어야 합니다.

$C+F=10$

$1+B+E=10,\ B+E=9$

$1+A+D=10,\ A+D=9$

따라서 $A+B+C+D+E+F=9+9+10=28$

[1차 대회] _ 3번

정답 ④

해설

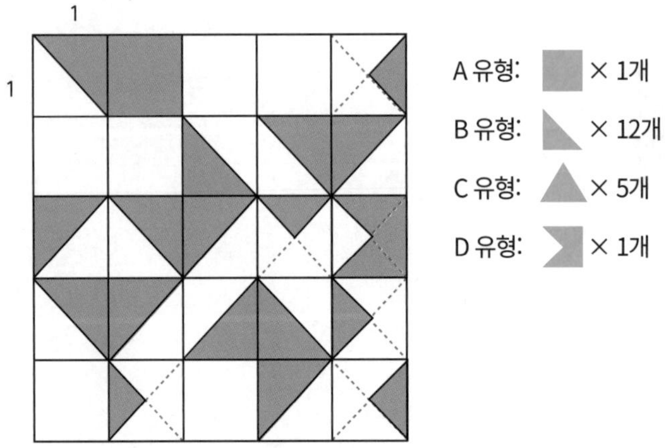

A 유형의 사각형은 넓이가 1로서 1개, B 유형의 직각삼각형은 넓이가 $\frac{1}{2}$ 로서 12개, C 유형의 삼각형은 넓이가 $\frac{1}{4}$ 로서 5개, D 유형의 도형은 넓이가 $\frac{3}{4}$ 으로 1개가 있다.
계산하면,

$$1+\frac{1}{2}\times 12+\frac{1}{4}\times 5+\frac{3}{4}\times 1=1+6+\frac{5}{4}+\frac{3}{4}=7+\frac{8}{4}=7+2=9$$

[1차 대회] _ 4번

정답 ③

해설

$$a+3=\frac{2}{3}(a+b+3)$$
$$\frac{1}{3}a=\frac{2}{3}b-1$$
$$a=2b-3$$

b=2일 때, a=1이므로 a>b를 만족하지 않습니다.

b=3일 때, a=3이므로 a>b를 만족하지 않습니다.

b=4일 때, a=5이므로 a>b를 만족합니다.

따라서 a>b를 만족하는 가장 작은 자연수 a는 5입니다.

[1차 대회] _ 5번

정답 ③

해설

A 집에 모이기 위해서는 B 집에서는 거리가 4, C 집에서는 7, D 집에서는 9, E 집에서는 16, F 집에서는 18, G 집에서는 23입니다. → 총 거리의 합은 77입니다.

B 집에서 모이기 위해서는 A 집에서 거리가 4 늘어나지만, B~G 집에서는 거리가 24 줄어듭니다. → 거리는 총 57입니다.

D 집에서 모이기 위해서는 A 집과 B 집에서 거리가 10 늘어나지만, D~G 집에서는 거리가 20 줄어듭니다.
마찬가지 논리로 생각하면서 비교해보면 D 집에서 모일 때 47로 거리의 총합이 최소가 됩니다.

[1차 대회] _ 6번

정답 ④

해설

우리가 구하려는 값은 1의 자리의 숫자입니다. 그러므로 각 제곱 승들을 모두 계산할 필요 없이 1의 자리만 고려해 더하고 확인하면 됩니다.

일의 자리를 계산한 결과는 다음과 같이 나옵니다.

$$1+4+7+6+5+6+3+6+9+0$$

마지막 숫자들을 전부 더하면 47. 그러므로 47의 마지막 자리의 숫자는 7입니다.

[1차 대회] _ 7번

정답 ①

해설

1. 먼저 가짜 동전의 무게를 알아내야 합니다.

각 자루(10자루)에서 동전 1개씩을 가져와 무게를 잽니다. 만약 모두 정상 동전이라면 100g이어야 하는데, 한 자루에 가짜 동전이 들어있다고 했으므로 그 차이만큼 무게가 다르게 나올 것입니다. 만약 99g이라면 가짜 동전의 무게는 9g일 것이고 102g이라면 가짜 동전은 12g일 것입니다.

2. 가짜 자루를 찾아내야 합니다.

만약 가짜 동전이 9g이라면 우리는 어떤 자루에 가짜 동전이 들어있는지 모르므로 10개의 자루 중 1번째 자루에서는 동전 1개, 2번째 자루에서는 동전 2개, 3번째 자루에서는 동전 3개, … 10번째 자루에서는 동전 10개를 꺼내서 저울에 달아봅니다.

자루에 정상인 동전이 들었다면 무게가 10+20+30+ … +100=550이어야 하는데 만약 1번 자루가 가짜라면 1만큼 차이가 나서 무게가 449g, 2번 자루가 가짜라면 448g, … 10번 자루가 가짜라면 10만큼 차이 나는 440g이 될 것입니다.

저울을 1번 사용하면 가짜 동전이 들어있는 자루를 찾을 수 있습니다.

그러므로

1. 가짜 동전의 무게를 먼저 알아낸 후,
2. 가짜 동전이 들어있는 자루를 찾아낼 수 있습니다.

[1차 대회] _ 8번

정답 ③

해설

규칙적으로 음이 아닌 정수 x, y를 작은 순서대로 배열해보면 가능한 경우는

(0, 0) (0, 1) (0, 2) (0, 3) (0, 4) (0, 5)
(1, 0) (1, 1) (1, 2) (1, 3) (1, 4) (1, 5)
(2, 0) (2, 1) (2, 2) (2, 3) (2, 4) (2, 5)
(3, 0) (3, 1) (3, 2) (3, 3) (3, 4)
(4, 0) (4, 1) (4, 2) (4, 2)
(5, 0) (5, 1) (5, 2)

총 30가지가 있고 음수와 양수를 각각 붙일 수 있습니다.

그러나 0을 포함하는 경우, (0, 0)은 1가지, 0이 하나만 들어간 10가지는 2가지, 0이 없는 19가지는 총 4가지의 경우가 가능합니다.
그러므로 $1+10\times2+19\times4=97$

[1차 대회] _ 9번

정답 ④

해설

A는 알람의 주기가 40초, B는 60초, C는 80초입니다. 이 세 수의 최소공배수가 240이므로 240초마다 똑같이 반복되며 알람이 울릴 것입니다.
그러므로 240초 동안에 세 알람시계가 동시에 울리는 시간은 첫 10초가 전부입니다.
6시부터 6시 59분 59초까지는 3600초입니다(6시 포함). 3600초는 최소공배수인 240초가 15번 반복됩니다.
그러므로 $15\times10=150$초 동안 세 개의 알람시계가 동시에 울립니다.

[1차 대회] _ 10번

정답 ⑤

해설

넓이를 모르는 부분을 w, x, y, z로 둔 후에

12	x	24
w	14	y
16	12	z

a	b
c	d

a 넓이 : b 넓이 $= c$ 넓이: d 넓이

a 넓이$\times d$ 넓이 $= b$ 넓이$\times c$ 넓이

(비례식에서 외항의 곱은 내항의 곱과 같다.)

이 방법을 이용하면

$w{:}14=16{:}12,\ w=\dfrac{56}{3}$

$12{:}\ x=\dfrac{56}{3}{:}14,\ x=9$

$9{:}24=14{:}\ y,\ y=\dfrac{112}{3}$

$14{:}\dfrac{112}{3}=12{:}\ z,\ z=32$

직사각형의 면적은

$w+x+y+z+12+24+14+16+12=175$

[1차 대회] _ 11번

정답 ②

해설

가장 작은 값 1과 4의 자리를 바꿉니다. → 1회

1, 6, 2, 4, 3, 5

6과 2를 바꿉니다. → 2회

1, 2, 6, 4, 3, 5

3과 6을 바꿉니다. → 3회

1, 2, 3, 4, 6, 5

마지막으로 5와 6을 바꿉니다. → 4회

1, 2, 3, 4, 5, 6

교환 횟수는 4회입니다.

[1차 대회] _ 12번

정답 ①

해설

전체 시합 횟수를 n이라고 하면,

한국은 $n-2$번을 이겼으므로 $(n-2)\times A+2\times B=42$ …… (1)

일본은 2번 이겼으므로 $2\times A+(n-2)\times B=35$ …… (2)

두 식을 서로 더하면 $n\times(A+B)=77$이므로 n은 1, 7, 11 중 하나입니다.

n은 1이 아니므로 7 또는 11이 되어야 하는데, $n=7$이면 $(A+B)$는 11입니다.

이 경우는 (2)번 식에서 $2A+5B=35$, $2A+2B+3B=35$, $2(A+B)+3B=35$, $22+3B=35$, $3B=13$이 됩니다.

B는 자연수이어야 하므로 $n=7$이 아니고 11이 됩니다. 그러므로 $A+B$의 값은 7이 됩니다.

[1차 대회] _ 13번

정답 ⑤

해설

연속된 자연수 중 가장 작은 수를 n이라 하면 여섯 개의 자연수는 n, $n+1$, $n+2$, $n+3$, $n+4$, $n+5$라 할 수 있습니다.

한 수를 빼서 가장 큰 합은 $(n+1)+(n+2)+(n+3)+(n+4)+(n+5)$이고, 한 수를 빼서 가장 작은 합은 $n+(n+1)+(n+2)+(n+3)+(n+4)$가 됩니다.

합이 2014이므로 다음과 같은 부등식이 성립합니다.

$n+(n+1)+(n+2)+(n+3)+(n+4)<2014<(n+1)+(n+2)+(n+3)+(n+4)+(n+5)$

$5n+10<2014<5n+15$

부등식 계산을 하면, $399.8<n<400.8$이 됩니다. n은 자연수이므로 n은 400입니다.

400, 401, 402, 403, 404, 405 중에서 하나를 빼고 나머지를 모두 더해 2014가 되려면 지운 수는 401입니다.

[1차 대회] _ 14번

정답 ④

해설

가능한 상태를 작은 수부터 큰 수로 만들어 갑니다.
작은 수부터 나열하면 초깃값은 5, 7입니다. 가능한 두 수를 합해서 만들 수 있는 수는 12이므로 12를 오른쪽에 추가하면 5, 7, 12가 됩니다. 12에 5를 더하고, 12에 7을 더하여 만들 수 있는 수 17, 19를 오른쪽에 추가합니다.

5, 7, 12, 17, 19에서 17에 5, 7, 12를 각각 더해 오른쪽에 크기순으로 나열하면 5, 7, 12, 17, 19, 22, 24, 29가 되고 다음엔 19에 같은 과정을 더해가면 이 모든 수는 $m\times7+n\times5=k$인 형태의 5와 7이 곱의 합으로 이루어졌다는 것을 알 수 있습니다.
$m\times7+n\times5=k$인 k를 만들 수 있습니다.

$26=3\times7+1\times5$

$32=1\times7+5\times5$

$33=4\times7+1\times5$

$35=5\times7+0\times5$

$37=1\times7+6\times5$

35는 5를 한 번도 사용하지 않았습니다. 연산을 할 때 그것은 불가능하므로 35는 만들 수 없습니다.

[1차 대회] _ 15번

정답 ④

해설

정점에 연결된 간선의 개수가 홀수인 점이 2개일 경우, 한 점에서 출발하여 다른 한 점에서 끝나는 한붓그리기를 할 수 있고, 모든 간선의 개수가 짝수이면 어디에서 시작하든지 다시 돌아오는 한붓그리기가 가능합니다.

각 정점에 연결된 간선의 개수를 표시하면 문제의 그림은 홀수 점이 6개이므로 한붓그리기가 불가능합니다. 그래서 간선의 개수가 홀수인 점에 간선을 추가해 모든 정점의 간선 수를 짝수가 되게 만듭니다.

아래 그림처럼 간선을 추가하면 모든 간선의 개수가 짝수이므로 한붓그리기가 가능합니다.

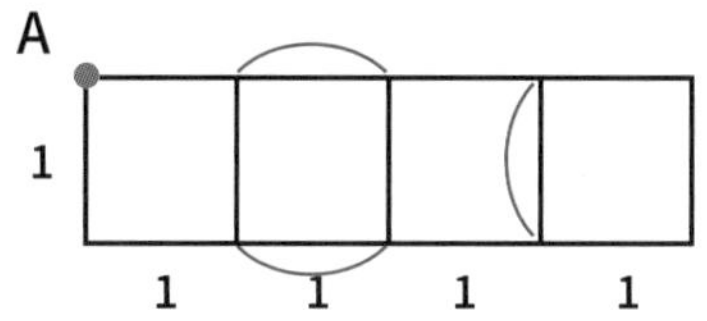

간선 길이의 합을 구하면 최소 순환경로가 됩니다.

13+3=16

2 2015년 정보올림피아드 1차 유형 이산수학 기출문제 풀이

[1차 대회] _ 1번

정답 ③

해설

보기의 금액들을 3원짜리 동전 5개와 7원짜리 동전 5개로 만들어 봅니다.

16=7×1+3×3

17=7×2+3×1

18은 불가능.

19=7×1+3×4

20=7×2+3×2

[1차 대회] _ 2번

정답 ③

해설

2번 문제만 맞은 사람들은 0명일 수도 있고 최대 15명일 수도 있습니다.

그래서 2번 문제를 맞은 사람은 최소 0+10=10명, 최대 15+10=25명입니다.

[1차 대회] _ 3번

정답 ②

해설

빨간 공을 5개 빼낸 자루 안의 빨간 공 개수는 $(a-5)$개입니다. 따라서 자루 안의 전체 공의 개수는 $(a-5+b)$개가 됩니다.

이때 자루 안의 빨간 공의 개수가 자루에 들어있는 전체 공의 $\frac{3}{5}$이라 하였으므로, $a-5=\frac{3}{5}(a-5+b)$ 입니다.

$a=\frac{3b+10}{2}$ 이므로, $b=2$일 때, $a=8$입니다.

따라서, 가능한 a의 최솟값은 8입니다.

[1차 대회] _ 4번

정답 ②

해설

15자리 숫자에서 첫 번째 수가 1로 고정되면, 2 ~ 5까지 네 수를 통해 만들 수 있는 숫자는 $4!=4\times3\times2\times1=24$가지이다.

마찬가지로 첫 번째 수를 2로 고정하고, 나머지 네 수를 통해 만들 수 있는 경우의 수도 24가지이다.

49번째 수는 3으로 시작하므로, 31245가 되고, 50번째 수는 31254가 된다.

[1차 대회] _ 5번

정답 ③

해설

2자리 수일 때 11, 22, …, 99의 9가지 경우가 있습니다.

3자리 수일 때는

첫 번째, 같은 숫자 2개를 포함하는 경우 ABB, BAB, BBA와 같은 모양을 가질 수 있습니다.

1. ABB일 때 A는 0을 제외한 9가지 수, B는 0을 포함한 A가 아닌 수가 들어갈 수 있으므로 $9\times9=81$가지 경우의 수
2. BAB일 때 B는 0을 제외한 9가지 수, A는 0을 포함한 B가 아닌 수가 들어갈 수 있으므로 $9\times9=81$가지 경우의 수
3. BBA일 때 B는 0을 제외한 9가지 수, A는 0을 포함한 B가 아닌 수가 들어갈 수 있으므로 $9\times9=81$가지 경우의 수

두 번째, 같은 숫자 3개를 포함한 경우 111, 222, …, 999의 9가지 경우가 있습니다.

따라서 $9+81+81+81+9=261$개입니다.

[1차 대회] _ 6번

정답 ③

해설

연속된 자연수 중 가장 작은 수를 n이라 하면 일곱 개의 자연수는 n, $n+1$, $n+2$, $n+3$, $n+4$, $n+5$, $n+6$이라 할 수 있습니다.

한 수를 빼서 가장 큰 합은 $(n+1)+(n+2)+(n+3)+(n+4)+(n+5)+(n+6)$이고,
한 수를 빼서 가장 작은 합은 $n+(n+1)+(n+2)+(n+3)+(n+4)+(n+5)$가 됩니다.

합이 2015이므로 다음과 같은 부등식이 성립합니다.

$n+(n+1)+(n+2)+(n+3)+(n+4)+(n+5)<2015<(n+1)+(n+2)+(n+3)+(n+4)+(n+5)+(n+6)$

$6n+15<2014<6n+21$

부등식 계산을 하면 333.2

$332.1<n<333.2$가 됩니다. n은 자연수이므로 n은 333입니다.

333, 334, 335, 336, 337, 338, 339 중에서 하나를 빼고 나머지를 모두 더해 2015가 되려면 지운 수는 337입니다.

[1차 대회] _ 7번

정답 ①

해설

하루에 3m를 기어오르고 잘 때 2m를 미끄러진다면, 16m를 오를 때까지 도달하는 데 16일 밤을 잠들어야 할 것이고, 17일 낮에 19m까지 올라갔다가 17일 밤에 17m로 미끄러진 후 18일 낮에 우물 밖으로 나올 것입니다.
따라서 개구리가 우물 밖을 나오기까지 최소 17 밤을 우물 안에서 잠들어야 합니다.

[1차 대회] _ 8번

정답 ③

해설

규칙에 따라 682에 연산을 반복하여 실행해보면 682 → 341 → 1024가 나옵니다.

1024는 2의 10제곱이므로

1024 → 512 → 256 → 128 → 64 → 32 → 16 → 8 → 4 → 2 → 1

$2+10=12$

총 12번을 실행하게 됩니다.

[1차 대회] _ 9번

정답 ⑤

해설

x와 y를 더하면 자신보다 작은 사람들의 정보를 알 수 있으므로 순서쌍 x와 y를 더한 값이 사람들의 키의 상대적인 순위가 될 것입니다.

각 순서쌍을 더했을 때 나오는 값은 A=2, B=7, C=3, D=0, E=4, F=5, G=1, H=6입니다.
그림을 통해 키가 큰 사람부터 위치를 확정지어 보면

B 앞에는 6명이 있고, 뒤에는 1명이 있으므로, ○ ○ ○ ○ ○ ○ B ○
H 앞에는 3명이 있고, 뒤에는 3명이 있으므로, ○ ○ ○ H ○ ○ B ○
F 앞에는 5명이 있고, 뒤에는 0명이 있으므로, ○ ○ ○ H ○ ○ B F
E 앞에는 0명이 있고, 뒤에는 4명이 있으므로, E ○ ○ H ○ ○ B F
C 앞에는 0명이 있고, 뒤에는 3명이 있으므로, E C ○ H ○ ○ B F
A 앞에는 1명이 있고, 뒤에는 1명이 있으므로, E C ○ H A ○ B F
G 앞에는 1명이 있고, 뒤에는 0명이 있으므로, E C ○ H A G B F
D의 앞에는 0명이 있고, 뒤에는 0명이 있으므로, E C D H A G B F

따라서 앞에서 4번째인 사람은 H입니다.

[1차 대회] _ 10번

정답 ⑤

해설

D를 물어보고 있기도 하고, D를 곱하고 있으므로 D에 집중해서 문제를 풀어야 합니다.

D=3일 때

	9	B	C	3	
×				3	A는 9가 될 텐데 그렇게 되면
	3	C	B	9	9 B C 3 × 3이 되어 5자리의 수를 답으로 갖게 됩니다.

D=9일 때

$$\begin{array}{rcccc} & 1 & B & C & 9 \\ \times & & & & 9 \\ \hline & 3 & C & B & 1 \end{array}$$

A=1이 되고 1 B C 9×9=9 C B 1로 답의 모양은 만족함을 알 수 있습니다.

문제와는 상관없지만, B와 C를 구해보면 B가 9와 곱했을 때 올림을 갖지 않고 A와 다른 숫자여야 하므로 0임을 알 수 있습니다.

C는 9와 곱했을 때 1의 자리 숫자로 2를 가져야 하므로 8이 됩니다.

따라서, D는 9입니다.

[1차 대회] _ 11번

정답 ④

해설

각 6개의 선분을 평행하게 이동시키면 전체적으로 큰 직사각형이 나옵니다.

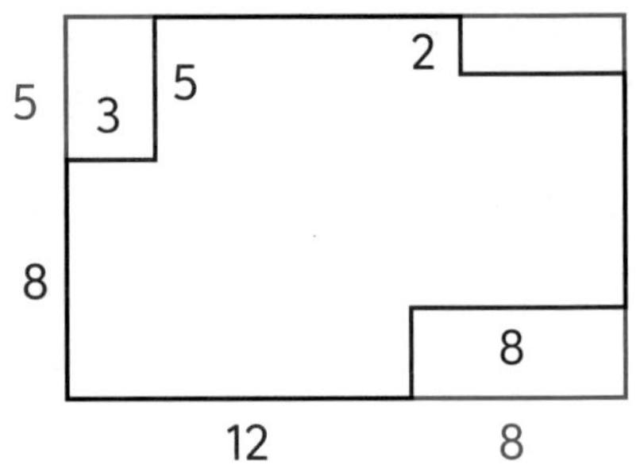

가로: 12+8=20

세로: 8+5=13

따라서 직사각형의 둘레는 (20+13)×2=66이 됩니다.

[1차 대회] _ 12번

정답 ②

해설

두 개의 꼭짓점만 홀수의 차수를 가지도록 최대한 적은 수의 선을 이미 있는 선들에 중복되게 그어서 짝수의 차수를 가지게 만듭니다.

간선 2개를 추가하면 2개의 꼭짓점만 홀수의 차수를 가지도록 하여 한붓그리기를 할 수 있습니다.

따라서, 두 번 이상 그려야 하는 선분의 최소 개수는 2개입니다.

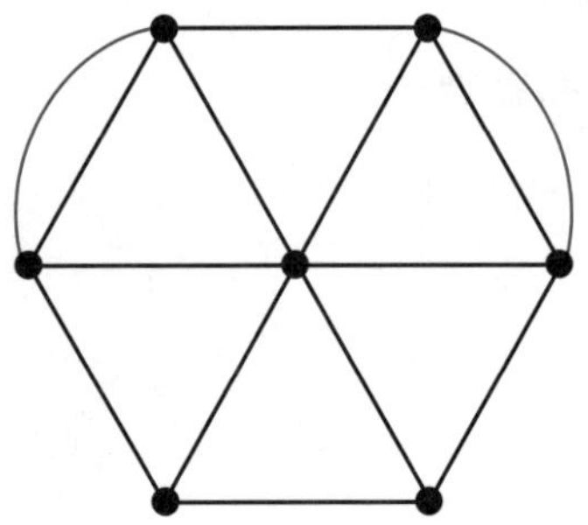

[1차 대회] _ 13번

정답 ②

해설

보기를 확인하면, 2번 보기에서 2번 작업은 11번 작업이 수행된 후에 수행되어야 하지만 11번 작업이 수행되기 전에 2번 작업이 수행되었으므로, 정상적인 방식으로 완료될 수 없는 작업은 2번입니다.

[1차 대회] _ 14번

정답 **불가능한 곳은 없다, 모두 가능하다.**

해설

아래와 같이 타일을 배치하면 A, B, C, D 모두 배수구로 가능합니다.

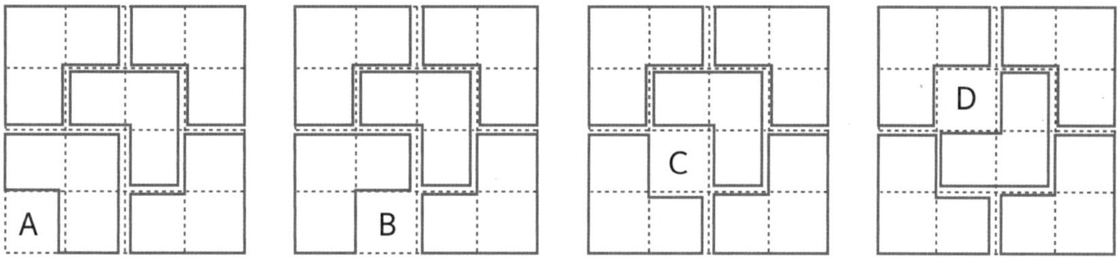

[1차 대회] _ 15번

정답 ②

해설

첫 번째, A가 무슨 수를 써도 B가 이기기 위해서는 $N-4$를 B가 외쳐야 합니다. $N-4$를 외치면 A가 몇 개의 자연수를 외치든 B가 N을 외칠 수 있기 때문입니다.

똑같은 원리로 B는 $N-4$를 무조건 외치기 위해서는 $N-8$, $N-12$, …를 외쳐야 합니다.

두 번째, A가 먼저 1부터 시작하므로 B는 항상 4를 외칠 수 있습니다.

첫 번째 조건과 두 번째 조건을 조합해보면, N이 4의 배수라면 B가 항상 이길 수 있음을 알 수 있습니다.

따라서 보기 중 정답은 4의 배수인 16입니다.

3 2016년 정보올림피아드 1차 유형1 이산수학 기출문제 풀이

[1차 대회] _ 1번

정답 ③

해설

9로 나누어떨어지는 숫자는 어떤 규칙을 가졌는지 생각해 봅시다.

9로 나누어떨어지기 위해서는 각 자리 숫자들의 합계가 9로 나누어져야 합니다.

보기 1번 '111'의 합은 3, 보기 2번 '222'의 합은 6, 보기 4번 '444'의 합은 12, 보기 5번 '555'의 합은 15으로 모두 9로 나누어떨어지지 않습니다. 따라서, 보기 1, 2, 4, 5의 수는 9로 나누어떨어지지 않습니다.

3번 '333'만 합이 9가 되므로 9로 나누어떨어집니다.

[1차 대회] _ 2번

정답 ②

해설

모든 방을 지나기 위한 가장 짧은 거리는 오른쪽 그림과 같습니다.

모든 방을 지나가되, 문을 지나는 횟수가 최소가 되어야 합니다.

답은 17개입니다.

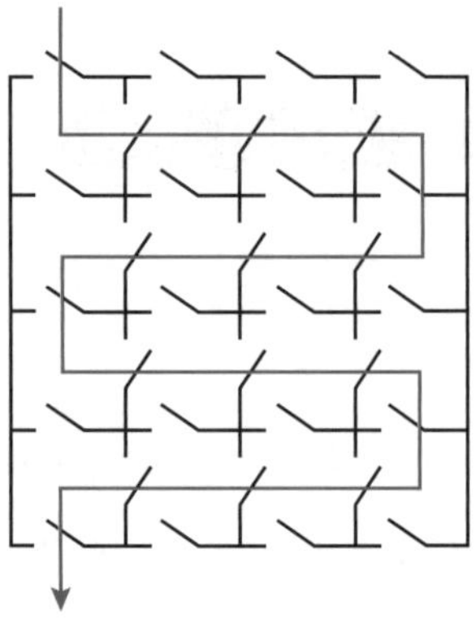

[1차 대회] _ 3번

정답 ①

해설

3^{2016}은 매우 큰 수이므로, 이 값의 마지막 자리의 숫자를 구하기 위해서 이 값을 계산하는 것은 비효율적입니다. 마지막 자리의 숫자만 구하면 되므로, 실제 3의 거듭제곱을 통해 일의 자리 숫자의 규칙을 찾아봅시다.

$3^1=3$

$3^2=9$

$3^3=27$(1의 자릿수는 7)

$3^4=81$(1의 자릿수는 1)

$3^5=243$(1의 자릿수는 3)

$3^6=729$(1의 자릿수는 9)

…

즉 3 9 7 1, 3 9 7 1, …이 반복되는 것을 알 수 있습니다.

3, 9, 7, 1 (4가지의 숫자)가 반복되므로, b에 4의 배수가 들어가면 일의 자리의 수는 항상 1이란 것을 알 수 있습니다.

따라서, 2016은 4의 배수이므로 일의 자리 수는 1입니다.

[1차 대회] _ 4번

정답 ②

해설

0이 나타나는 경우를 생각해 봅시다. 10진수 표기에서 오른쪽 끝의 0이 10을 곱했을 때 나타납니다. 같은 이유로 16진수에서도 오른쪽 끝의 0이 16을 곱했을 때 나타난다는 것을 알 수 있습니다.

즉, 1~10까지의 자연수를 모두 곱한 수 X가 16을 얼마나 인수로 가지고 있는지 묻는 문제입니다.

1 2 3 4 5 6 7 8 9 10

수	2의 개수
$2=2^1$	1
$4=2^2$	2
$6=2\times3$	1
$8=2^3$	3
$10=2\times5$	1

우선, 1에서 10 사이의 수 중 2를 인수로 가진 수가 몇 개 있는지 찾아보겠습니다.

즉, $2^8\times\alpha=(2^4)^2\times\alpha=16^2\times\alpha$은 총 8개의 2를 인수로 갖고 있습니다.

16은 2의 4제곱이므로 16진수에서 X는 오른쪽에 0이 총 2개 들어있는 것을 알 수 있습니다.

[1차 대회] _ 5번

정답 ②

해설

682를 순서대로 프로그램의 작동 방식에 따라, 작업을 진행해봅시다.

682 → 짝수이므로 682 나누기 2는 341입니다.

341 → 홀수이므로 341 곱하기 3 더하기 1은 1024, 나누기 2는 512입니다.

512는 2의 9승이므로 '자연수가 짝수이면 2로 나눈다' 조건을 9번 실행합니다.

512를 만들 때까지 작업한 횟수 2번+나누기 9번=11회 실행하면 1에 도달합니다.

[1차 대회] _ 6번

정답 ①

해설

최단 거리 경우의 수 문제입니다. 우선 A에서 B로 가는 최단 거리를 구하기 위해서는,

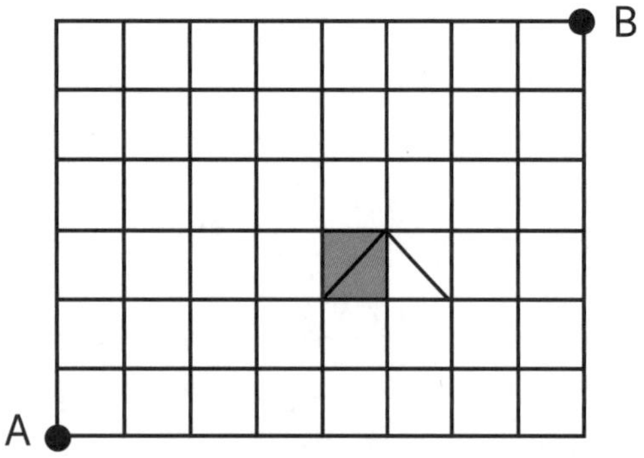

색칠한 부분의 대각선을 반드시 지나야 한다는 것을 알 수 있습니다.

왜냐하면, 대각선을 거치지 않은 최단 거리는 6(↑)+8(→)=14이고, 대각선을 거친다면 그 거리가 5(↑)+7(→)+(↗)=(14보다 작은 수)까지 줄어들기 때문입니다. (대각선의 길이는 2보다 작다.)

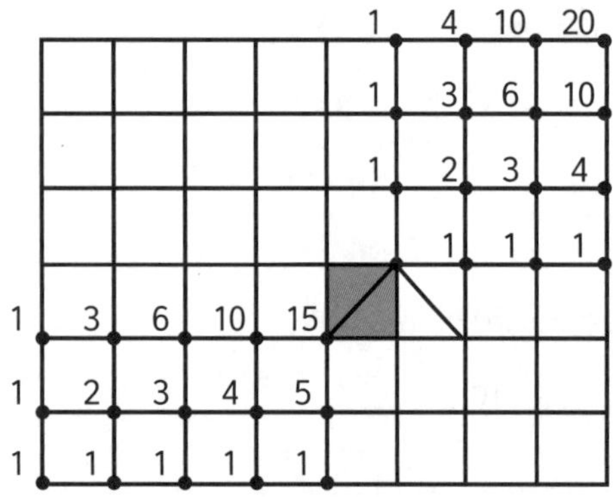

그러므로 A부터 노란 부분을 가기 전까지의 경우의 수를 계산해주고, 노란 부분을 지난 후 B까지의 경우의 수를 구해서 곱해주면 됩니다.

답은 15×20=300

[1차 대회] _ 7번

정답 ②

해설

오후 12시 1분부터 다음 날 오후 12시 1분 사이에 시침과 분침이 정확하게 겹치는 경우가 언제인지 생각해 봅시다.

오후 12시 정각에 시침과 분침이 정확하게 겹치기 때문에, 오후 12시와 오후 1시 사이에는 시침과 분침이 정확하게 겹칠 수 없습니다.

따라서 이와 같은 방식으로 각각의 시간대에 시침과 분침이 겹치는 경우를 살펴보면, 오후 1~2시, 오후

2~3시, 오후 3~4시, 오후 4~5시, 오후 6~7시, 오후 7~8시, 오후 8~9시, 오후 9~10시, 오후 10~11시 사이에 시침과 분침이 정확하게 10번 겹치게 됩니다.

오후 11시~12시 사이에는 시침과 분침이 정확하게 겹치지 않습니다. 왜냐하면 오후 11시에 분침이 시침을 따라잡기 전에 오전 00시가 되기 때문입니다.

그 후 오전도 마찬가지로 오전 1~2시, …, 오전 10~11시 사이에 시침과 분침이 10번 겹치게 됩니다.

마찬가지로 오전 11~12시 사이에는 겹치지 않고 오후 12시에 겹치게 됩니다.

따라서, 10번(오후 12시 1분~오후 11시 59분)+1번(오전 12시)+10번(오전 12시 1분~오전 11시 59분)+1번(오후 12시)=22번 겹치게 됩니다.

《다른 풀이》

시침은 분당 0.5도, 분침은 분당 6도 움직입니다. 시침이 이루는 각도를 x, 분침이 이루는 각도를 y라고 하자. 12시부터 12시 5분까지 시침과 분침이 움직이는 것을 고려해 봅니다.

시침은 $30x+0.5y$만큼 움직이고, 이 시간에 분침은 $6y$만큼 움직입니다.

$30x+0.5y=6y$

$5.5y=30x$

$y=\frac{30x}{5.5}$

$y=\frac{60x}{11}$

시침이 한 바퀴 돌아서 시침과 분침이 한 번 만나는 경우는 1시간+60/11으로 나타납니다.

시침이 11바퀴를 돌아서 시침과 분침이 11번 만나는 경우는 11시간+660/11분=12시간이 걸립니다.

따라서, 24시간이면 22번 만나게 됩니다.

[1차 대회] _ 8번

정답 ④

해설

10자리 자연수 abcdefhij는 10으로 나누어떨어지므로 j=0입니다.

a를 제외한 bcdefghij는 9의 배수이므로 b+c+d+e+f+g+h+i를 모든 더한 수는 9의 배수라는 것을 알 수 있습니다.

각 자리의 수는 모두 다르므로, b~i는 각각 1~9 중 하나입니다.

특정 숫자 a를 빼고 나머지를 더했더니 9의 배수였다는 점을 생각해 봅시다. 다시 말해, 1부터 9까지의 합은 45이고, 이 수에서 특정 숫자 a를 뺐더니 그 값도 9의 배수라는 의미입니다.

즉, 45도 9의 배수이고, 45에서 a를 뺀 값도 9의 배수이기 때문에, a도 9의 배수이어야 합니다. 따라서, 1~9 중 9의 배수는 9밖에 없으므로 a=9입니다.

정답은 a=9, j=0입니다.

[1차 대회] _ 9번

정답 ①

해설

이 문제의 핵심은 남은 금화들을 반으로 쪼개 양팔 저울을 사용하는 것이 아닌 남은 금화들을 '삼등분'하여 사용 횟수를 줄이는 것입니다.

처음 100개의 금화를 33(A그룹), 33(B그룹), 34(C그룹)개로 나누어 33(A그룹)과 33(B그룹)을 양팔 저울에 잽니다. 결과는 A가 무겁거나, B가 무겁거나 혹은 같은 무게이거나 3가지 경우입니다.

문제에서 어떤 경우(최악의 경우 → 금화가 많은 그룹에 가짜 금화가 있어 저울을 사용하는 횟수가 증가)에라도 가짜 금화를 찾아내야 하므로 동률인 경우를 생각하겠습니다. (C그룹에 가짜 금화)

남은 34개의 금화 또한 11(A그룹), 11(B그룹), 12(C그룹)개로 나누어 11(A그룹)과 11(B그룹)을 양팔 저울에 잽니다. 결과는 마찬가지로 A가 무겁거나, B가 무겁거나 혹은 같은 무게이거나 3가지 경우입니다. 이번에도 가짜 금화는 C그룹에 있다고 생각해 보겠습니다.

남은 12개의 금화를 4(A그룹), 4(C그룹)개로 나누어 4(A그룹)와 4(B그룹)를 양팔 저울에 잽니다. 이번에는 각 그룹의 금화 개수가 모두 같으니 A가 무거운 경우를 생각하겠습니다.

그럼 B에 가짜 금화가 있으므로 B에 있는 금화를 1(A그룹), 1(B그룹), 2(C그룹)개로 나누어 양팔 저울에 잽니다. 양팔 저울이 기운다면 바로 가짜 금화를 찾을 수 있겠지만 어떠한 경우라도 찾아야 하므로 무게가 동률이라 생각하고 C그룹에 있는 금화 2개를 다시 양팔 저울에 재야 합니다.

따라서 총 5번의 양팔 저울을 사용하고 가짜 금화를 찾을 수 있습니다.

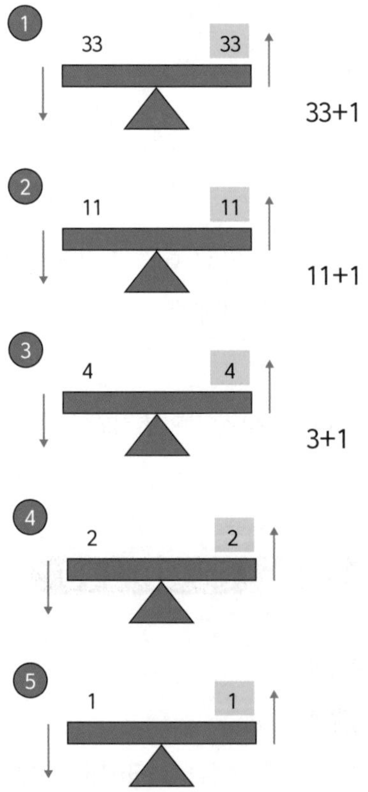

[1차 대회] _ 10번

정답 ②

해설

구간별로 나누어 1이 나타나는 횟수를 세어 봅니다.

0~99: 일의 자릿수가 1일 때 일의 자릿수에서 1이 나온 개수 10개, 십의 자릿수가 1일 때 십의 자릿수에서 1이 나온 개수 10개이므로, 총 20개입니다.

100~199: 백의 자릿수가 1일 때 백의 자릿수에서 1이 나온 개수 100개, 그 외에 십의 자릿수와 일의 자릿수에서 1이 나온 개수는 0~99에서와 동일하므로 20개, 따라서, 총 120개입니다.

200~299=20

300~399=20

400~499=20

…

800~899=20

900~999=20

200~999까지 살펴보면 구간별로 20개씩 똑같은 것을 알 수 있는데, 이는 백의 자릿수만 2~9로 바뀌었고, 일과 십의 자릿수에서 나온 1의 개수는 모두 0~99에서 1의 개수를 세었던 것과 같은 원리이기 때문입니다.

따라서, 000km에서 999km까지 총 1이 나타난 개수는 300개입니다.

[1차 대회] _ 11번

정답 ③

해설

삼각형은 세 변 a, b, c가 있을 때(c가 가장 긴 변) c<a+b가 성립하여야 합니다.
가장 긴 변을 먼저 정해놓고 하나씩 선택해 나가면 쉽게 풀 수 있습니다.

가장 긴 변이 8일 때, a+b가 8보다 크기 위해서는 (6, 5), (6, 3)입니다.
가장 긴 변이 6일 때, a+b가 6보다 크기 위해서는 (5, 3), (5, 2)입니다.
가장 긴 변이 5일 때, a+b가 5보다 크기 위해서는 (3, 3)입니다.

가장 긴 변이 3일 때, a+b가 3보다 크기 위해서는 (3, 2), (2, 2), (3, 1)입니다.
가장 긴 변이 2일 때, a+b가 2보다 크기 위해서는 (2, 1)입니다.

따라서 총 9가지입니다.

[1차 대회] _ 12번

정답 ③

해설

피보나치 수열에 대한 문제입니다.

1쌍 (1월 1일)
1쌍 (2월 1일) - 태어난 지 2달 후부터 새끼를 낳으므로 새끼를 낳지 않음
2쌍 (3월 1일)
3쌍(4월 1일), 5쌍(5월 1일), 8쌍(6월 1일), 13쌍 (7월 1일), 21쌍(8월 1일), 34쌍(9월 1일), 55쌍 (10월 1일), 89쌍(11월 1일), 144쌍(12월 1일)
그러므로 답은 89쌍 178마리입니다.

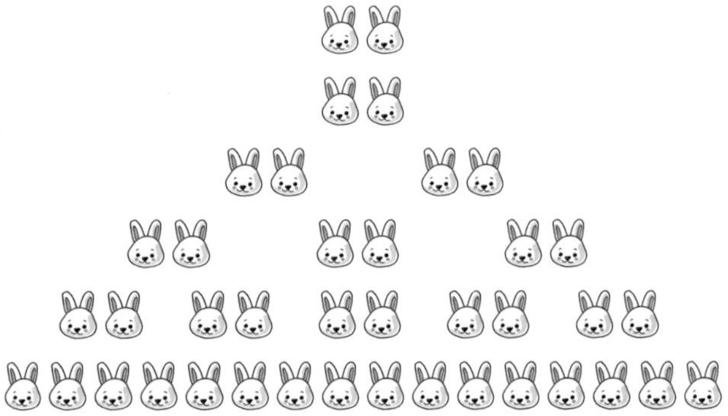

《다른 풀이》

	1월 1일	2월 1일	3	4	5	6	7	8	9	10	11월 2일
0개월	2 암수 한 쌍		2 새끼	2 새끼	4 새끼	6	10	16	26	42	68
1개월 지남		2 암수 한 쌍		2 어미	2 어미	4	6	10	16	26	42
2개월 지남			2 어미	2 어미	4 어미	6	10	16	26	42	68

처음에 암수 한 쌍은 1개월이 지났을 때 그대로 있고, 2개월이 지나면 새끼 2마리를 낳습니다. (4월 1일) 새끼 2마리는 1개월이 지나면 어미 토끼가 되고 2개월이 지나면 새끼 2마리를 낳습니다. 그러면 원래 어미 토끼도 다시 2마리의 새끼를 낳으므로 5월 1일에는 총 4마리의 새끼토끼가 있습니다.
이렇게 해서 11월 2일이 되면 새끼토끼는 68마리, 1개월이 지난 어미 토끼는 42마리, 2개월 이상이 된 어미 토끼는 68마리가 되어, 68+42+68=178마리의 토끼로 증가합니다. (피보나치 수열의 형태)

[1차 대회] _ 13번

정답 ③

해설

x^{2016}을 구하기 위해서는 주어진 등식을 바꾸어서 적용하면 됩니다.

오른쪽 항을 왼쪽 항으로 옮기면 $x^2+x+1=0$이 됩니다.

양변에 $(x-1)$을 곱하면 $(x-1)(x^2+x+1)=0$이 됩니다.

위의 식을 전개하면 $x^3-1=0$이므로 $x^3=1$임을 알 수 있습니다.

x의 3의 배수승은 모두 1이 되므로 x^{2016} 또한 1이 됩니다.

왜냐하면, 2016은 3의 배수이기 때문입니다.

정답은 1입니다.

《공식》

$$(a-b)(a^2+ab+b)=a^3-b^3$$

[1차 대회] _ 44번

정답 8개

해설

최대 두 번을 사용하여 최대한 많은 철판 조각을 만들어야 하므로, 수직과 수평 각각 잘랐을 때 조각의 개수가 최대한 많이 생겨야 합니다.

1. 수평으로 자르는 경우

구간별로 자를 수 있는 경우는 다음과 같이 7가지가 있습니다.

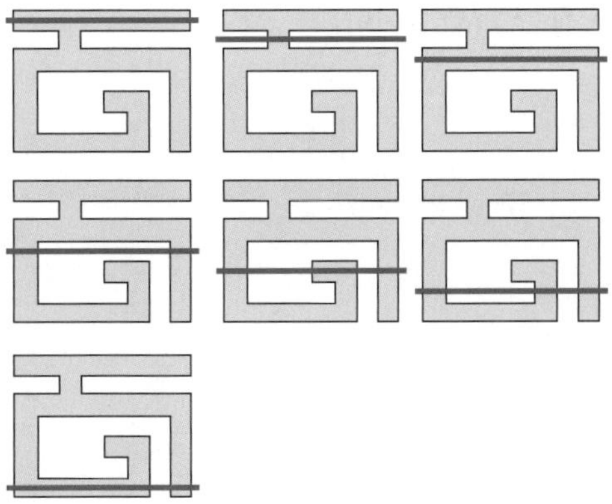

2. 수직으로 자르는 경우

구간별로 자를 수 있는 경우는 다음과 같이 8가지가 있습니다.

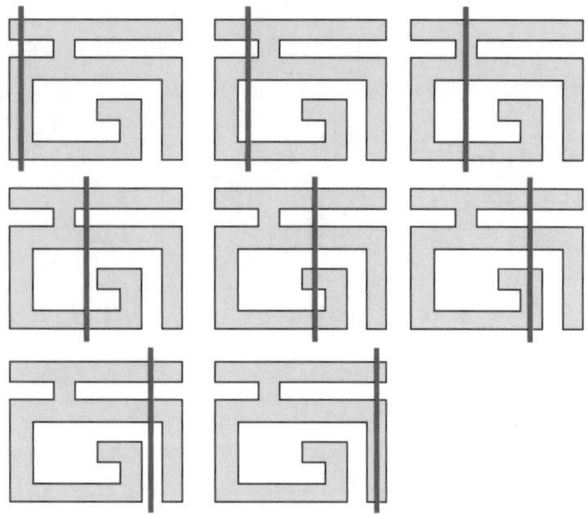

1과 2의 경우를 종합하여 2번 잘랐을 때 조각이 가장 많이 생성되는 경우는 오른쪽 그림과 같습니다.

조각난 철판의 개수를 세어보면 8개입니다.

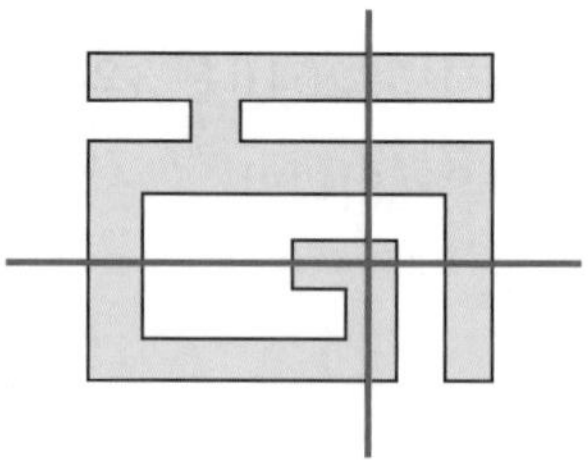

[1차 대회] _ 45번

정답 17

해설

문제에 주어진 조건을 최대한 활용해봅시다. 범위를 좁혀가며 풀면 쉽게 풀 수 있는 문제입니다.

10을 다섯 번 곱하면 100,000이므로 10보다는 클 것입니다.
또한 20을 다섯 번 곱한 것은 2를 다섯 번 곱한 것과 10을 다섯 번 곱한 것을 곱하는 것과 같으니 3,200,000이 됩니다. 따라서 20보다는 작을 것입니다.
이때 1,419,857에서 끝자리가 7임을 확인할 수 있습니다.
같은 수를 5번 곱해서 끝자리가 7이 나오기 위해서는 일의 자릿수가 7이어야 합니다.

따라서 10보다 크고 20보다 작으면서 일의 자릿수가 7인 숫자는 17뿐입니다.
정답은 $a = 17$입니다.

4 2017년 정보올림피아드 1차 유형1 이산수학 기출문제 풀이

[1차 대회] _ 1번

정답 ⑤

해설

2017은 홀수이므로 뽑힌 두 장의 카드의 합이 홀수인 경우를 먼저 생각해 봅시다. 두 장의 카드의 합이 홀수가 되는 경우는 (짝수+홀수) 또는 (홀수+짝수)입니다. 그러나, 문제에 주어진 카드는 모두 홀수이고, 이때, 홀수+홀수→짝수이므로 2017이 될 수 없습니다.

따라서 0가지입니다.

[1차 대회] _ 2번

정답 ②

해설

숫자를 셀 때 세는 숫자와 상자 번호가 어떤 관계가 있는지 찾아봅니다.

1부터 5까지 숫자를 센 첫 줄을 제외하고는 그다음부터 4개의 숫자를 세는 것을 확인할 수 있습니다.

50번째 상자가 몇 번 상자인지 알기 위해, 줄별로 센 숫자에서 규칙을 찾아봅니다. 그 끝자리들의 숫자(1번 상자와 5번 상자)를 보면 5, 9, 13, 17로 $4n+1$임을 알 수 있습니다.

또 n이 홀수일 때는 5번 상자이고, 이때 왼쪽에서 오른쪽으로 숫자를 셉니다.

n이 짝수일 때는 1번 상자이고, 이때 오른쪽에서 왼쪽으로 숫자를 셉니다.

50에 가까운 $4n+1$은 $n=12$(짝수)일 때인 49입니다.

따라서 49는 1번 상자이므로 그다음 50은 2번 상자입니다.

《간단한 풀이》

3번째 상자 수는 3, 7, 11, 14, …로 4씩 차이가 납니다. 50에 가까운 마지막 수는 47입니다. 47은 짝수 번째로 왼쪽으로 수가 전개됩니다. 47, 48, 49로서 49는 첫 번째 상자 수가 되고, 50은 두 번째 상자의 수가 됩니다.

[1차 대회] _ 3번

정답 ②

해설

최소한의 칼질로 10조각 이상을 만들기 위해서는 한 번 칼질을 할 때 최대한 많은 조각을 만들어야 합니다. 예를 들어, 칼질 1번째는 어떻게 자르든 조각 2개로 나뉘지만, 칼질 2번째부터는 평행하게 칼질을 하면 조각은 3개가 되고, 평행하지 않게 칼질을 하면 조각은 4개가 됩니다. 칼질의 횟수를 최대한 줄여야 하므로, 평행하지 않게 칼질을 해야 합니다. 칼질 3번째는 마찬가지로 두 번의 칼질과 평행하지 않게 잘라야 합니다. 이때, 칼질을 2번 해서 생긴 교차점을 지나는 경우와 그렇지 않은 경우 조각의 개수가 차이가 나는 것을 알 수 있습니다. 교차점을 지나지 않은 경우가 더 많은 조각을 만들 수 있으므로 교차점을 지나지 않게 칼질을 해야 합니다. 이와 같은 방법으로 칼질을 하면 최소 4번의 칼질로 10개 이상의 조각을 얻을 수 있습니다.

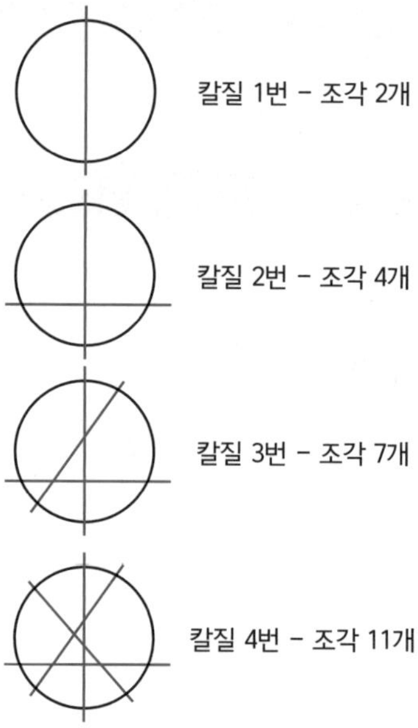

따라서 10개 이상의 조각을 얻기 위해서는 4번의 칼질이 필요합니다.

[1차 대회] _ 4번

정답 ⑤

해설

두 삼각형의 모형을 이용하여 삼각형부터 육각형까지 모양을 만들어 봅니다.

다음과 같이 임의의 삼각형을 놓아 삼각형, 사각형, 오각형, 육각형의 모양을 모두 만들 수 있습니다.

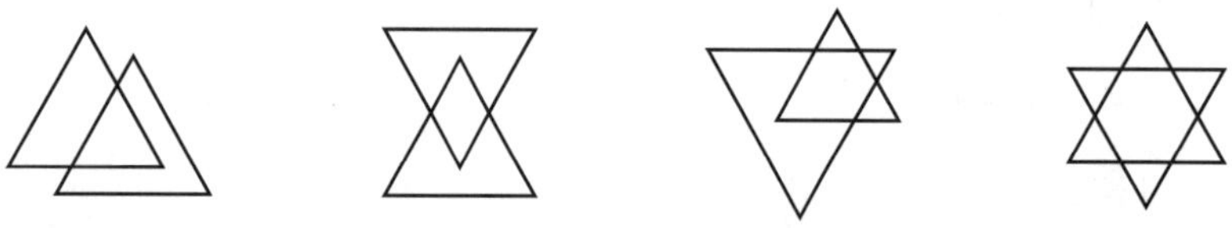

삼각형 사각형 오각형 육각형

[1차 대회] _ 5번

정답 ③

해설

유향그래프이므로 먼저 정점 p에서 정점 z까지의 경로 중 불필요한 정점이 있으면 제거한 후 이동 방법을 찾아봅니다.

그래프를 보면 정점 m, n, q, t, u, x에 가지 못하거나, 가게 된다면 정점 z로 도달할 수 없다는 것을 알 수 있습니다.

필요 없는 정점들을 삭제하면 오른쪽 그림과 같은 정점들만 남습니다.

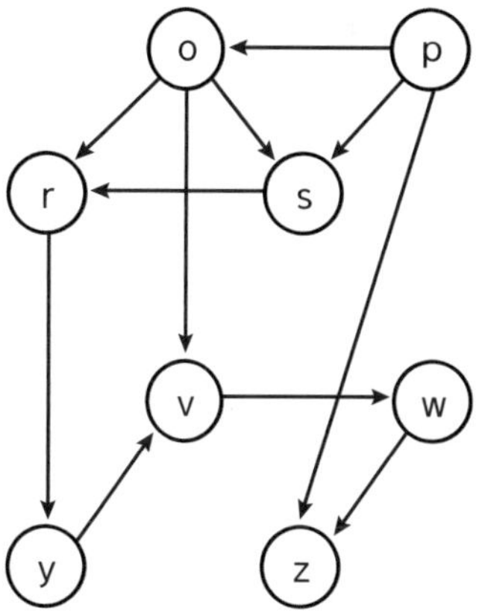

단순화된 그래프에서 정점 p에서 정점 z까지 가는 경우의 수를 세면 다음 5가지가 나옵니다.

1. p → z
2. p → o → v → w → z
3. p → s → r → y → v → w → z
4. p → o → r → y → v → w → z
5. p → o → s → r → y → v → w → z

[1차 대회] _ 6번

정답 ①

해설

사다리의 시작지점과 도착지점에서 동시에 따라간다고 생각해 봅시다.

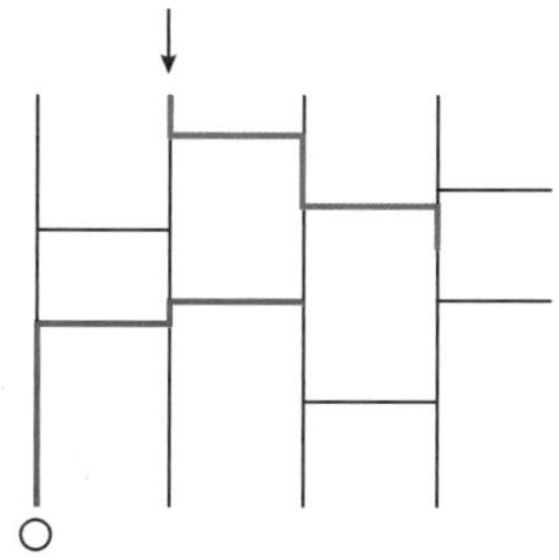

그림 1

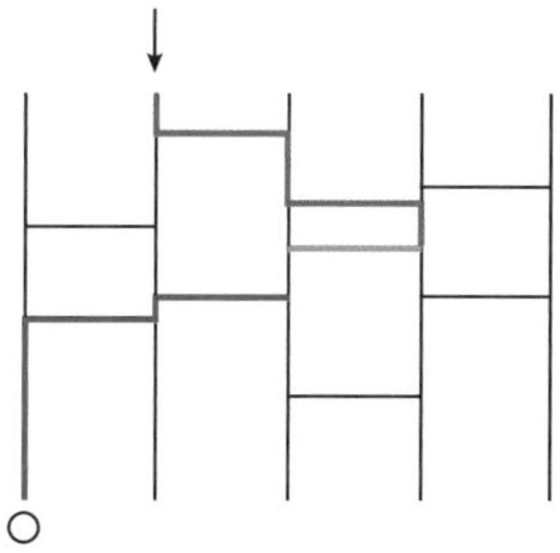

그림 2

이때 파란 선과 빨간 선이 만나야 하므로 3번째와 4번째 수직선 사이에 수평선을 그어야 합니다.(그림 1)

이때 노란색 선을 '하나' 추가하면 만날 수 있습니다.(그림2)

따라서, 그려야 할 수평선의 최소 개수는 1개입니다.

[1차 대회] _ 7번

정답 ①

해설

악수를 한 두 사람의 쌍들의 집합을 X라 하였습니다.

이때 악수를 하지 않을 수 있다는 것을 유의하면서 풀면 됩니다.

집합 X의 원소	해석
{AB}	A와 B만 악수한 경우
{AC}	A와 C만 악수한 경우
{BC}	B와 C만 악수한 경우
{AB, AC}	A와 B, A와 C만 악수한 경우(즉 B와 C는 서로 악수를 하지 않음)
{AB, BC}	A와 B, B와 C만 악수한 경우(즉 A와 C는 서로 악수를 하지 않음)
{AC, BC}	A와 C, B와 C만 악수한 경우(즉 A와 B는 서로 악수를 하지 않음)
{AB, AC, BC}	A와 B, A와 C, B와 C 모두 서로 악수한 경우

따라서, 총 7가지가 가능합니다.

[1차 대회] _ 8번

정답 ③

해설

시간대별로 시침과 분침 사이의 각도가 90도가 되는 경우를 생각해 봅시다.

예를 들어, 12시에서 1시 사이에서 분침이 한 바퀴(360도) 도는 동안 90도가 되는 경우는 두 번 발생한다는 것을 알 수 있습니다. 마찬가지로, 12시간 동안 총 12번의 시간대로 나누어 90도가 되는 경우를 세면 됩니다.

이때, 3시와 9시는 그 시각 자체로 90도를 이루기 때문에 3시에서 4시 사이, 9시에서 10시 사이에서는 90도가 되는 경우가 한 번뿐입니다.

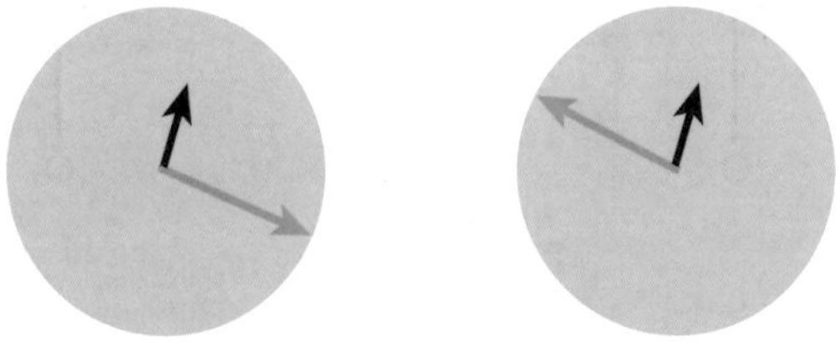

이를 정리하면 아래와 같습니다.

12 → 1시 2번

1 → 2시 2번

2 → 3시 2번(딱 3시일 때를 포함)

3 → 4시 1번(3시에서 이미 90도였으므로 3시에서 4시가 될 때는 한 번뿐입니다.)

4 → 5시 2번

5 → 6시 2번

6 → 7시 2번

7 → 8시 2번

8 → 9시 2번(딱 9시일 때를 포함)

9 → 10시 1번(9시에서 이미 90도였으므로 9시에서 10시가 될 때는 한 번뿐입니다.)

10 → 11시 2번

11 → 12시 2번

따라서 12시간 동안 시침과 분침이 이루는 각도가 정확히 90도가 되는 경우는 총 22번입니다.

[1차 대회] _ 9번

정답 ④

해설

최단 거리를 구한 것이기 때문에 서로 연결된 정점은 2 이상 값이 차이 날 수 없습니다. 왜냐하면 간선의 길이가 1이기 때문에, 서로 연결된 정점의 차이는 최대 1일 수밖에 없습니다.

보기 4번을 보면 정점 25와 정점 27이 연결되어 있다는 것을 알 수 있습니다.
이때 다른 간선을 통해 정점 27이 완성되었다 하더라도 정점 25를 지나면 최소길이는 26이 될 수 있습니다.

따라서 잘못된 그래프는 ④입니다.

[1차 대회] _ 10번

정답 ④

해설

한 개의 도형으로 이루어진 삼각형부터 여러 개의 도형으로 이루어진 삼각형을 차례대로 찾아봅시다.

도형의 개수	모양		삼각형 개수
1개			5 + 5 = 10
2개	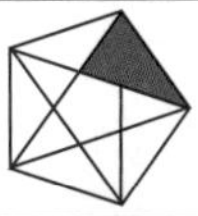		5 + 5 = 10
3개	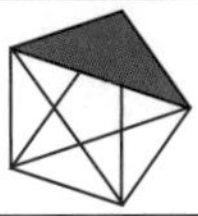	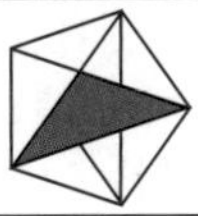	5 + 5 = 10
5개	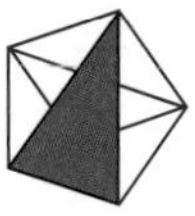		5

따라서, 총 35개입니다.

[1차 대회] _ 36번

정답 **45개**

해설

빨래통에 조끼의 개수가 최대가 되기 위해서는 어떻게 해야 할지 생각해 봅시다.

진 학생은 이긴 학생의 번호로 소속된다고 생각하며 풀면 쉽게 해결할 수 있습니다.

빨래통에 조끼의 개수가 많아지기 위해서는 처음 가위바위보에 진 학생이 처음에 벗은 조끼뿐만 아니라, 지속적으로 조끼를 벗어 빨래통에 넣어야 함을 알 수 있습니다.

그러기 위해서는 토너먼트 방식의 가위바위보가 아닌 한 줄로 나열하여 선 이후에 가위바위보로 '한 명씩' 해야 합니다. 토너먼트 방식으로 진행하면 지속적으로 빨래통에 넣을 수 있는 조끼의 개수가 줄어들기 때문입니다.

[초기 상태]

번호	1	2	3	4	5	6	7	8	9	10
조끼	1	2	3	4	5	6	7	8	9	10

편의상 높은 번호의 학생이 가위바위보에 이긴다고 하겠습니다. 이는, 낮은 번호가 이긴다고 해도 상관없습니다. 중요한 것은 일정한 기준을 가지고 문제를 해결해야 한다는 것입니다.

1. 1번과 2번 가위바위보

번호	1	2	3	4	5	6	7	8	9	10
조끼	2	2	3	4	5	6	7	8	9	10

⇒ 빨래통(1)

2. 이후 2번과 3번 가위바위보(1번은 가위바위보 참여 못 함)

번호	1	2	3	4	5	6	7	8	9	10
조끼	3	3	3	4	5	6	7	8	9	10

⇒ 빨래통(1, 2, 2)

3. 3번과 4번 가위바위보 (1, 2번은 가위바위보 참여 못 함)

번호	1	2	3	4	5	6	7	8	9	10
조끼	4	4	4	4	5	6	7	8	9	10

⇒ 빨래통(1, 2, 2, 3, 3, 3)

위와 같이 계속 가위바위보를 진행하면 빨래통에 들어가는 10을 제외한 조끼들이 1개, 2개, … 9개 있는 것을 알 수 있습니다.

따라서 최대 45개가 가능합니다.

[1차 대회] _ 37번

정답 12점

해설

A, B 둘 다 전략적으로 선택한다는 점을 유의합니다.

A가 선택할 수 있는 카드는 가장 왼쪽 혹은 가장 오른쪽이기 때문에, 선택마다 A에게 유리한 방향으로 진행될 수 있도록 카드를 선택하면 됩니다.

따라서, 선택마다 2가지 선택 방법이 있고 각각의 경우 어떤 결과가 나오는지를 생각하여야 합니다.

3	4	2	3	2	3	3	2

1. 첫 번째 선택

A가 처음에 가장 왼쪽에 있는 3을 가져간다면 B 또한 전략적으로 선택할 것이므로 다음에 4를 가져갈 것입니다. 그 후에 A는 가장 왼쪽에 있는 2 또는 가장 오른쪽에 있는 2 사이를 고민해야 해서 손해입니다.

따라서 A는 처음에 가장 오른쪽에 있는 2를 가져가야 합니다.

3	4	2	3	2	3	3	2
							A

B도 마찬가지로 가장 왼쪽에 있는 3을 가져갈 시 A가 4를 가져가기 때문에 제일 오른쪽에 있는 3을 선택해야 합니다.

3	4	2	3	2	3	3	2
						B	A

2. 두 번째 선택 이후

계속 같은 이유로 A는 오른쪽의 카드를 선택합니다.

3	4	2	3	2	3	3	2
							A

B는 이제 어떠한 숫자를 가져가든지 A는 2번째 4와 4번째 3을 가져갈 수 있게 됩니다.

따라서, A와 B 모두 전략적으로 선택했을 때 결과는 다음과 같습니다.

3	4	2	3	2	3	3	2
B	A	B	A	B	A	B	A

A는 총 12점을 가져가게 됩니다.

IT 영재를 위한

이산 수학(초등)

PART V

이산수학 모의고사

2022년 정보올림피아드 기출문제 풀이

[실전 모의고사] _ 1번

정답 ③

해설

사전식 배열에서 첫 번째 등장하는 알파벳은 'a'입니다. 'foobar'에서 a는 5번째에 한 번 등장하므로 다음과 같이 4개의 문자를 뒤로 옮겼을 때 만들어진 문자열이 사전에서 가장 먼저 나오게 됩니다.

1회 oob**a**rf → 2회 ob**a**rfo → 3회 b**a**rfoo → 4회 **a**rfoob

[실전 모의고사] _ 2번

정답 ②

해설

명제의 참/거짓을 가리는 문제입니다. P가 케이크를 먹은 것이 사실인 경우를 P, 사실이 아닌 경우를 ~P라 표기할 때, 문제에 제시된 사실들을 다음과 같이 표현할 수 있습니다.

- P, R 중 적어도 한 명은 케이크를 먹었다 → P or R=TRUE
- P가 케이크를 먹지 않았거나 Q가 케이크를 먹었다. → ~P or Q=TRUE
- P가 케이크를 먹지 않은 동시에 Q가 케이크를 먹었을 수도 있다. → ~P and Q=TRUE

이를 벤다이어그램으로 표현하면 아래와 같습니다. 붉은색은 TRUE를 의미합니다.

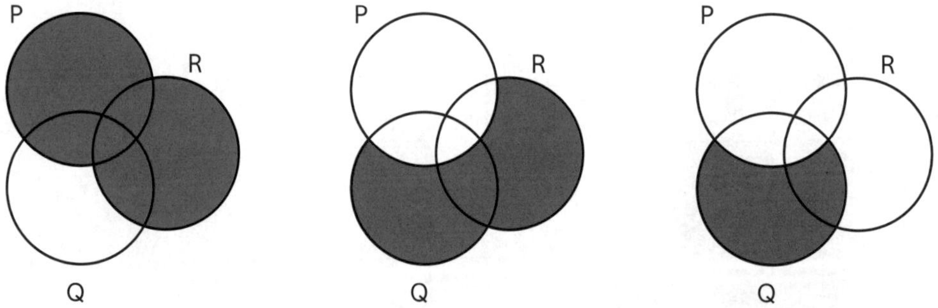

따라서 세 가지 경우 모두 붉은색이 칠해지는 구간, 즉, 주어진 설명 중 반드시 사실인 것은 2번입니다.

[실전 모의고사] _ 3번

정답 10

해설

모자를 떨어뜨린 시점에서 10분이 지났을 때, 서쪽으로 이동하고 있었으므로 떨어뜨린 시점과 반환점 사이의 거리는 $12\text{km/h} \times \frac{10}{60}\text{h} = 2\text{km}$입니다.

반환점에서 배는 동쪽으로 8km/h로 이동하고 모자는 떨어뜨린 시점부터 2km/h로 서쪽으로 이동하고 있으므로 모자와 배의 거리의 합이 2가 되는 시간을 구하면 됩니다.

$$2\text{km/h} \times \frac{10+x}{60}\text{h} + 8\text{km/h} \times \frac{x}{60}\text{h} = 2,\ x = 10$$입니다.

[실전 모의고사] _ 4번

정답 ②

해설

정점의 차수란 정점에 연결된 간선의 개수를 의미합니다. 자신과 자신을 잇는 간선을 그릴 수 없으므로 하나의 간선은 언제나 두 개의 정점을 필요로 합니다. 따라서 그래프 전체 정점의 차수의 합 또한 짝수가 되어야 합니다. 즉 정점의 합이 각각 3과 11인 보기 1번과 3번은 그래프를 그릴 수 없습니다.

보기 4번은 차수가 5인 정점이 2개 있습니다. 차수가 5가 되기 위해선 자신을 제외한 그래프의 모든 정점 사이에 간선이 있어야 합니다. 따라서 그래프 내의 모든 정점은 아래 그림과 같이 적어도 2 이상의 간선을 필요로 합니다.

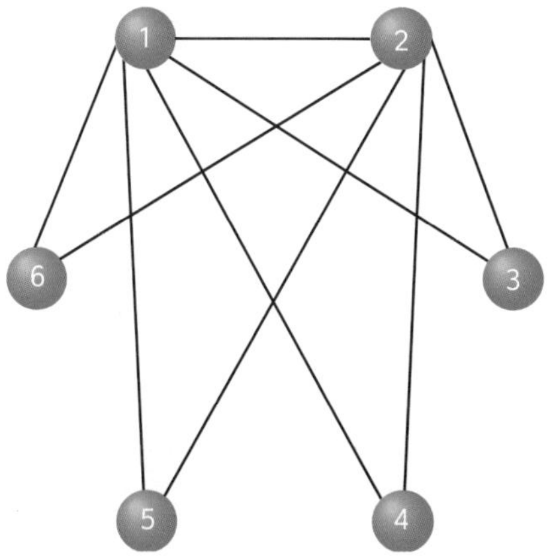

즉, 차수가 1인 정점은 존재할 수 없으므로 보기 4번은 그래프를 그릴 수 없습니다.

따라서 정답은 2번입니다.

[실전 모의고사] _ 5번

정답 ②

해설

영희: (9등, 2등급), 동수: (17등, 3등급), 미나: (27등, 4등급)

- 영희의 조건에서: $k<9 \le k+k+1 \rightarrow 4 \le k<9$
- 동수의 조건에서: $k+k+1<17 \le k+k+1+k+2 \rightarrow 4.67 \le k<8$
- 미나의 조건에서: $k+k+1+k+2<27 \le k+k+1+k+2+k+3 \rightarrow 5.25 \le k<8$

세 가지 조건을 수직선으로 나타내면 다음과 같습니다.

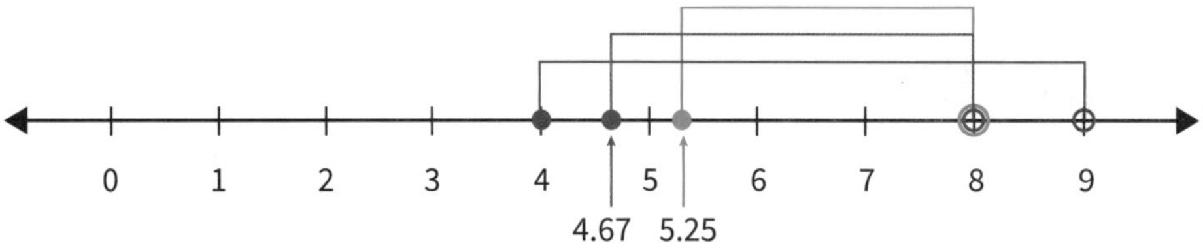

세 조건을 모두 만족하는 범위는 최소 6, 최대 7입니다.

[실전 모의고사] _ 6번

정답 ①

해설

step 1: 첫 번째 조건에 의해 C와 A의 순서를 정할 수 있습니다.

step 2: 세 번째 조건에 의해 B가 5등임을 알 수 있습니다.

step 3: 두 번째 조건에 의해 E의 위치는 A와 B 사이입니다.

step 4: 네 번째 조건에 의해 D는 1등 혹은 2등일 수 있습니다. 이와 관계없이 3등은 항상 A이므로 정답은 보기 1번입니다.

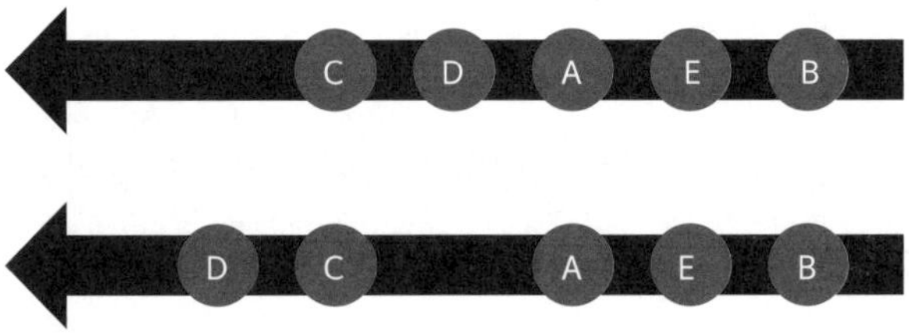

[실전 모의고사] _ 7번

정답 ④

해설

길이가 0인 간선으로 연결하고, 두 트리는 떨어져 있으므로 연결될 정점들이 각각 A, B와 얼마나 떨어져 있는지 구한 다음 그 합이 5가 되는 그룹을 찾으면 됩니다.

A, B와 정점 후보 사이의 거리는 아래와 같습니다.

- A-가=2
- A-나=3
- B-다=2
- B-라=1
- B-마=4

따라서 간선의 합이 되는 조합은 보기 4번 '나-다'입니다.

[실전 모의고사] _ 8번

정답 ③

해설

강아지의 위치와 지점 사이의 거리를 모두 계산하면 표와 같습니다. 3을 제외한 모든 지점의 합계는 16으로 같으며 3은 그 합계가 18로 가장 큽니다.

	a	b	c	d	e	f	합계
1	2	1	2	3	3	6	16
2	3	2	1	3	2	5	16
3	4	3	2	4	1	4	18
4	3	2	3	1	2	5	16
5	4	3	2	2	1	4	16

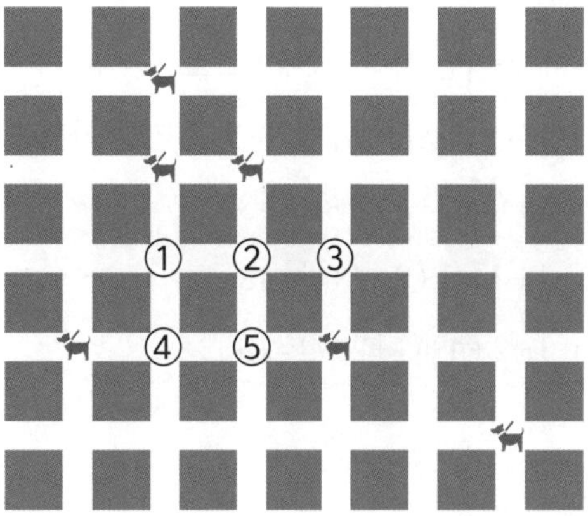

[실전 모의고사] _ 9번

정답 14

해설

$x \times y \times z = 72$이고 나이의 합을 알 때 x, y, z를 구할 수 없으므로 다양한 조합에서 하나의 합이 나온다는 것을 추론할 수 있고, 가장 나이 많은 아이는 한 명이라고 했으므로 여러 조합 중 최댓값이 하나인 해가 정답임을 추론할 수 있습니다.

$72=2^3 \times 3^2$이므로 인수들을 이용해 세 수의 곱으로 표현할 수 있습니다.

조합	합	
1, 1, 72	74	
1, 2, 36	39	
1, 3, 24	28	
1, 4, 18	23	
1, 6, 12	19	
1, 8, 9	18	
2, 2, 18	22	
2, 3, 12	17	
2, 4, 9	15	
2, 6, 6	14	
3, 3, 8	14	정답
3, 4, 6	13	

[실전 모의고사] _ 10번

정답 ③

해설

최초 무조건 1칸을 이동해야 합니다. 이후에는 1칸 또는 2칸을 이동할 수 있습니다. 점프 규칙은 바로 직전에 움직인 거리의 2배이므로 2, 4, 8의 2의 지수 형태로 증가합니다.

따라서 아래와 같이 갈 수 있는 가장 가까운 좌표는 18입니다.

$1+(1+2+4+8+16)=32$

$1+2+(1+2+4+8)=18$

$1+2+4+(1+2+4)=15$

[실전 모의고사] _ 11번

정답 16

해설

A=(2, 5, 8), B=(4, 4, 9), C=(3, 2, 4) 블록에서 가장 긴 변은 각각 8, 9, 4입니다.

그중 가장 긴 9를 높이로 사용하기 위해선 B 블록 아래 (4, 4)보다 넓은 블록이 위치하거나 B블록이 가장 아래여야 합니다. (4, 4) 아래에 A의 (5, 8)이 위치할 수 있으며 그 경우 C의 (3, 2)를 B 위에 놓을 수 있습니다. 이 경우 높이는 9+2+4=15입니다.

두 번째로 긴 8을 높이로 사용하기 위해선 A 블록 아래 (2, 5)보다 넓은 블록이 위치하거나 A블록이 가장 아래여야 합니다. (2, 5) 아래에 B의 (4, 9)가 위치할 수 있으며 그 경우 C의 (3, 2)를 B 위에 놓을 수 있습니다. 이 경우 높이는 8+4+4=16입니다.

높이 8과 9를 동시에 사용할 수는 없으므로 만들 수 있는 긴 높이는 16입니다.

[실전 모의고사] _ 12번

정답 25

해설

주어진 표에 의해 초콜릿의 1개당 가격을 구하면 다음과 같습니다.

유형	종류	가격	초콜릿 1개당 가격
A	단위 초콜릿 2개, 모두 정상	4	2
B	단위 초콜릿 3개, 모두 정상	7	2.33
C	단위 초콜릿 2개, 불량 1개	3	1.5
D	단위 초콜릿 3개, 불량 1개	5	1.67

B>**A**>D>C 순으로 단가가 높습니다.

주어진 초콜릿에서 B 유형은 9-10-11에서 오직 1개만 추출할 수 있습니다. 그 뒤의 12-13-14번은 '초콜릿은 버릴 수 없다'는 조건에 의해 자동으로 D 유형으로 추출됩니다.

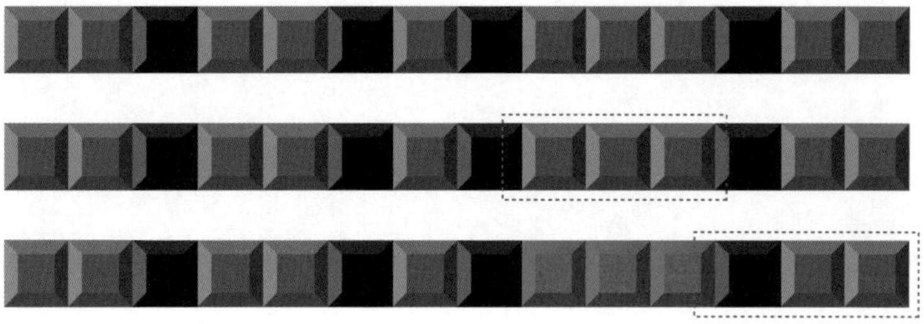

‘불량품이 최대 한 개만 포함될 수 있다.’는 조건에 의해 7-8은 반드시 한 묶음이 되어 C 유형이 되어야 합니다. 마지막으로 남은 1-2-3-4-5-6번 초콜릿은 C-C-C 또는 D-D가 가능하고 이 중에 가격이 높은 것은 D-D입니다.

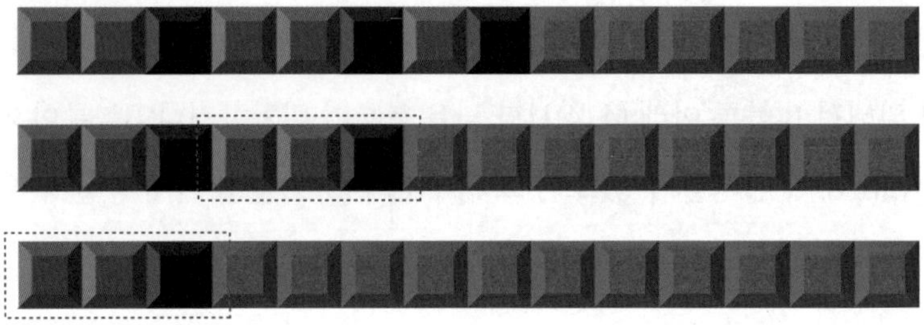

최종적으로 ‘A-0개, B-1개, C-1개, D-3개’가 추출되어, 팔아서 얻을 수 있는 금액의 최댓값은 $4\times0+7\times1+3\times1+5\times3=25$입니다.